具有三维网络结构添加相的高分子基复合材料的制备及阻尼性能研究

张春梅　李　华　赵海鹏　著

東北林業大學出版社
Northeast Forestry University Press
·哈尔滨·

图书在版编目（CIP）数据

具有三维网络结构添加相的高分子基复合材料的制备及阻尼性能研究 / 张春梅，李华，赵海鹏著 . — 哈尔滨：东北林业大学出版社，2023.1

ISBN 978-7-5674-3014-3

Ⅰ . ①具… Ⅱ . ①张… ②李… ③赵… Ⅲ . ①高分子材料－复合材料－材料制备－研究②高分子材料－复合材料－阻尼－性能－研究 Ⅳ . ① TB324

中国版本图书馆 CIP 数据核字 (2023) 第 018719 号

责任编辑：潘　琦

封面设计：乔鑫鑫

出版发行：东北林业大学出版社

（哈尔滨市香坊区哈平六道街 6 号　邮编：150040）

印　　装：三河市明华印务有限公司

开　　本：787 mm×1092 mm　1/16

印　　张：8

字　　数：140 千字

版　　次：2023 年 1 月第 1 版

印　　次：2023 年 1 月第 1 次印刷

书　　号：ISBN 978-7-5674-3014-3

定　　价：45.00 元

如发现印装质量问题，请与出版社联系调换。（电话：0451-82113296　82191620）

前　言

随着现代经济的快速发展，振动和噪声问题变得越来越严重，其对工业生产、人体健康和环境将产生不利的影响，阻尼材料可以吸收外界机械能并将其转化为热能而耗散，从而有效减少振动和噪声。高分子材料由于其良好的黏弹性以及加工性能，是目前应用最广泛的阻尼材料，单一高分子材料有效阻尼温域较窄，一般为 T_g（玻璃化转变温度）± (10 ~ 15) ℃，不能满足实际应用需求。在高分子基体中添加压电相和导电相，制备得到压电阻尼复合材料，通过引入外界机械能 - 电能 - 热能的压电阻尼耗能机制，在一定程度上可以提高阻尼性能、拓宽使用温域，并且减少高分子阻尼性能对温度和频率的依赖；此外，填料的加入也有利于提高高分子基体的机械性能，使其可以用作性能良好的结构阻尼材料。互穿聚合物网络（IPN）是一种由两种或两种以上聚合物通过互穿或相互缠结形成的聚合物合金，是目前制备具有宽 T_g 范围和优异阻尼性能材料，但低 T_g 组分聚合物的添加，会大大降低阻尼材料的机械性能。本书制备了一系列环氧树脂及硅橡胶基压电阻尼复合材料，可用于室温下阻尼性能良好的结构阻尼材料或表面包覆阻尼材料。为了进一步拓宽有效阻尼温域，本书还制备了石墨烯气凝胶增强的聚氨酯 / 环氧 IPN 复合材料，获得了高损耗因子、宽有效阻尼温域和良好机械性能的结构阻尼材料。本书具体研究内容及结果如下。

（1）为了得到室温下阻尼性能良好的结构阻尼材料，通过原位聚合法制备 PZT@PPy 气凝胶，随后采用真空辅助填充方法向气凝胶中灌注环氧树脂制备得到 PZT@PPy 气凝胶 /EP（PPAE）复合材料，并系统研究了不同的 PZT 压电陶瓷含量对 PPAE 复合材料阻尼和隔音性能的影响。气凝胶的三维网络结构可以保证压电相和导电相在复合材料内均匀分布，并提供丰富的填料 - 填料和填料 - 基体摩擦界面，从而有利于复合材料阻尼性能的提高。结果表明，当 PZT 质量分数为 75% 时，PPAE-75 复合材料在室温下具有最佳阻尼性能，其储能模量（E'）、损耗模量（E''）和损耗因子（$\tan\delta$）值相比较环氧树脂基体分别提高了约 11.5%、418.7% 和 360%。此外，PPAE-75 复合材料具有优异的隔音性能，与环氧树脂基体相比隔音量提高了约 47.3%，原因为除了上述阻尼耗能，气凝胶的三维网络结构以及高模量 PZT 压电陶瓷的添加使 PPAE 复合材料在室温下具有更高的刚度，且 PPAE 复合材料内填料和聚合物基体之间的阻抗不匹配导致声波在界面处发生多次反射，延长声波在复合材料中的传播路径也可以有效地耗散一部分声能。结果表明，PPAE 复合材料可以用作性能良好的阻尼和隔音结构材料。

（2）在上述研究基础上，为了得到环保的机械性能良好的结构阻尼材料，采用低温水热法合成 $ZnSnO_3$ 无铅压电陶瓷，取代通常使用的高能耗高污染的含铅压电陶瓷。以三维网络结构的 ($ZnSnO_3$/PVDF)@PPy 纳米纤维膜为压电导电相，采用真空辅助方法填充环氧树脂基体制备得到 ($ZnSnO_3$/PVDF)@PPy 纳米纤维 /EP（ZPPE）压电阻尼复合材料，并系统研究了不同质量分数的 $ZnSnO_3$ 压电陶瓷对 ZPPE 复合材料阻尼和机械性能的影响。三维纤维网络结构既可以保证压电相和导电相在复合材料内的均匀分布，有利于压电阻尼效应的发挥，也可在材料内形成丰富的纤维 - 纤维和纤维 - 基体摩擦耗能，从而有利于复合材料阻尼性能的提高。当 $ZnSnO_3$ 质量分数为 60% 时，ZPPE-60 复合材料在室温下阻尼性能最佳，其储能模量（E'）、损耗模量（E''）和损耗因子（$\tan\delta$）值相比较环氧树脂基体分别提高了约 94.8%、554.9% 和 232%。此外，机械性能测试结果表明，ZPPE-60 复合材料的弯曲强度、弯曲模量和邵氏 D 型硬度值比环氧树脂基体分别提高了约 60.0%、227.5% 和 3.92 %，这可归因于 ($ZnSnO_3$/PVDF)@PPy 纳米纤维膜织物结构的增强作用以及高模量 $ZnSnO_3$ 压电陶瓷颗粒的添加。结果表明，ZPPE 复合材料可以用作机械性能良好的结构阻尼材料。

（3）工程阻尼材料要求为 $\tan\delta$ >0.3 的温度范围最好不低于 80 ℃，为了进一步拓宽复合材料的阻尼温域，选用硅橡胶代替环氧树脂。利用三维网络结构的 PU/RGO 泡沫作为导电相，采用真空辅助填充方法制备得到 (PU/RGO)/PZT/PDMS（PGPP）压电阻尼复合材料，并系统研究了不同 PZT 压电陶瓷含量对 PGPP 复合材料阻尼性能的影响。PGPP 复合材料的制备过程简单，且泡沫结构可以保证石墨烯片在材料内均匀分布，有利于压电阻尼作用的充分发挥。泡沫的三维网络结构使得 RGO/PDMS 的质量比仅为 0.05% 时，就可以达到复合材料的渗流阈值，从而使导电相用量大大降低，这在降低经济成本的同时，也有利于保持 PDMS 基体的柔韧性。PGPP 压电阻尼复合材料的储能模量（E'）、损耗模量（E''）和损耗因子（$\tan\delta$）值相比较 PDMS 基体都有了较大提高，当 PZT/PDMS

质量比为 6∶1 时，PGPP-6 复合材料具有最高的 E'、E'' 和 tanδ 值，其比 PDMS 基体分别提高了约 89.8%、214.5% 和 87.5%，且其 tan$\delta > 0.3$ 的温度范围为 −70 ~ −9.8 ℃，这可归因于复合材料内的压电阻尼效应以及填料 − 填料和填料 − 基体之间的界面摩擦耗能。此外，PGPP-6 复合材料的损耗因子值随着频率的增加而逐渐提高，在 100 Hz 下其 tan$\delta > 0.3$ 的温度范围为 −70 ~ 100 ℃，有效阻尼温域基本覆盖了工程材料的作业温度。由此可见，PGPP 复合材料可以用作宽温域宽频率的性能优良的表面包覆阻尼材料。

（4）在上述研究基础上，期望进一步提高复合材料的机械性能，以获得高阻尼、宽有效温域的机械性能良好的结构阻尼材料。用三维网络多孔结构的石墨烯气凝胶为增强相，采用一步真空辅助填充的方法制备了石墨烯增强的聚氨酯 / 环氧树脂互穿聚合物网络（PU/EP IPN）复合材料（PEGA），并系统研究了聚氨酯含量对 PEGA 复合材料的阻尼、热稳定性和机械性能的影响。三维网络结构可以保证石墨烯片均匀地分散在聚合物基体中，从而用很少的添加量就可以达到复合材料的机械渗流阈值。室温下 PEGA-20 和 PEGA-40 复合材料的储能模量较相应的 PU/EP IPNs 都有所提高，甚至都高于环氧树脂基体。此外，PEGA 复合材料的损耗模量和损耗因子值较相应的 PU/EP IPNs 都有所提高，PEGA-40 具有最高的损耗模量值，其 E'' 值比 PU/EP-40 提高了约 977.9%，其在室温下的损耗因子值为 0.281，tan$\delta > 0.3$ 的温度范围为 25.5 ~ 81.2 ℃，覆盖了通常使用的温度范围，阻尼性能的提高可归因于填料 − 填料和填料 − 基体的界面摩擦耗能。此外，PEGA 复合材料的热稳定性、拉伸性能、弯曲性能和邵氏硬度比相应的 PU/EP IPNs 都有所提高，对于 PEGA-20 复合材料，当石墨烯的添加量仅为 0.38 % 时，其拉伸强度、杨氏模量、弯曲强度和弯曲模量值与 PU/EP-20 IPN 相比，分别提高了约 23.1%、2.99%、45.1% 和 9.27%，并且都高于环氧树脂基体，这可归因于石墨烯片在基体中的均匀分布以及与基体良好的界面结合力。结果表明，PEGA 复合材料可用于高阻尼、宽有效温域的机械性能良好的结构阻尼材料。

写作本书的过程中，笔者参阅了相关文献资料，在此对其作者表示感谢。由于笔者水平有限，书中难免存在不足之处，敬请广大读者批评指正。

著者

2022 年 12 月

目　　录

第1章 绪　论

1.1 引言

在工业生产中，各种机器设备在运转及工作过程中会产生一定的振动和噪声，其会影响设备稳定性，长时间的振动和噪声极易引起器械结构疲劳从而缩短其使用寿命，如美国的塔柯马大桥因为风振问题在建成后四个月发生断裂。对于许多大型精密仪器，减少工作环境中振动和噪音的干扰，是确保其工作准确度的重要保证。不仅如此，日常生活中存在的大量振动和噪声会影响人类生活，对人体健康产生危害，研究表明，如果人们长时间暴露于 85 dB 的环境中，极易形成噪声型耳聋。此外，军事领域、武器设备以及各种飞行器等发展趋向高速化和大功率化，在运行过程中会产生大量的振动和噪声，其不仅会导致器械产生严重的结构疲劳而降低使用寿命，而且对于潜水艇等需要高度隐蔽能力的武器装备，振动和噪声的存在还会大大降低其作战能力。因此，减少振动和噪声问题对于工业生产、人类生活和军事领域都有十分重要的意义。

阻尼材料可以吸收外界振动和噪声等机械能，并将其转化为热能而耗散掉，从而可以有效控制振动和噪声问题。阻尼材料可以分为高阻尼合金，黏弹性阻尼材料、阻尼复合材料和智能型阻尼材料，其中黏弹性阻尼材料一般指高分子聚合物，因为其具有良好的阻尼性能是目前应用最广泛的阻尼材料。高分子聚合物主要依靠其在玻璃化转变温度（T_g）附近大分子链段之间的局部摩擦运动而将外部机械能转化为热能耗散，因此单一高分子材料的阻尼温域较窄，一般为 $T_g \pm (10\sim15)$ ℃，远远不能满足实际应用需求。在以前的研究报道中，大量研究人员致力于提高聚合物损耗因子并拓宽其有效阻尼温域，以满足工业使用要求，其中以填充改性、共混或嵌段、接枝共聚和生成互穿聚合物网络（IPN）的研究最为集中广泛，并取得了许多显著的成果，本书后续将进行详细论述。

“智能材料”是指可以感知外界环境变化，通过自身进行判断并得出结论而实现指令和执行的新材料。目前智能材料体系包括压电阻尼材料、电流变阻尼材料和磁致伸缩阻尼材料等，其中以压电阻尼材料研究最为广泛。压电阻尼材料是在高分子基体中添加压电相和导电相，其可以将外界机械能通过压电陶瓷的压电效应转化为电能，产生的电流在流经复合材料内部的导电网络时可以转化为热能而耗散掉，从而在一定程度上提高复合材料的阻尼性能。本书总结了目前报道的大量压电阻尼复合材料，并在此基础上制备具有良好阻尼性能的新型阻尼材料。

1.2 阻尼材料简介及其分类

1.2.1 阻尼材料简介

阻尼材料可以将外界机械能转化为热能而耗散掉，从而可以有效减少结构噪声，降低结构的共振振幅，增加设备使用寿命。衡量材料阻尼性能的参数为损耗因子（$\tan\delta$），损耗因子值越大，$\tan\delta > 0.3$ 的阻尼温域越宽，表明材料的阻尼性能越好。通常对工程阻尼材料的要求为 $\tan\delta > 0.3$ 的阻尼温域为 60 ~ 80 °C。几种常见材料的阻尼性能见表 1-1。

表 1-1　几种常见材料的阻尼性能

材料名称	损耗因子
铝	0.000 1
铜	0.002
有机玻璃	0.02 ~ 0.04
玻璃	0.000 6 ~ 0.002 0
塑料	0.005
层夹板	0.010 ~ 0.013
砖	0.01 ~ 0.02
混凝土	0.015 ~ 0.050
大阻尼塑料	0.1 ~ 10.0
阻尼橡胶	0.1 ~ 5.0

1.2.2 阻尼材料分类

阻尼材料可分为高阻尼合金、黏弹性阻尼材料、阻尼复合材料和智能型阻尼材料，现分述如下。

1.2.2.1 高阻尼合金

金属阻尼材料主要是指高阻尼合金，也叫作抗振合金[13]。高阻尼合金的阻尼性能大大优于普通金属材料，其在较高温度下的性能也优于普通阻尼材料，具有减振降噪功能。该减振降噪方法的工艺十分简单，应用范围广，为主动有效的减振技术。到目前为止，人们已经研发出多种以镍、镁、铜、锌、铝和铁等作为基体的阻尼合金。表1-2为各国生产的阻尼合金的品牌、名称、产地以及损耗因子。大多数高阻尼合金已在实践中使用。例如，用于制造潜艇、鱼雷和军舰螺旋桨的锰铜基减振合金以及用于汽车发动机和滑轮的锌铝减振合金等。

表1-2 阻尼合金材料

合金元素	牌号	名称	产地	损耗因子
Cu,Zn,Al	672-673-674	Proteus	比利时	0.12
Fe,Cr,Mo	694	Gentalloy	日本	0.12
Mn-Cu	676	Sonoston	美国	0.04
Mn-Cu	693	Sonoston	日本	0.06
Ti-Ni	678	Nitinol	瑞士	0.06
Fe-C-Si	827-828-829	Cast Iron	比利时	0.045

1.2.2.2 黏弹性阻尼材料

黏弹性阻尼材料具有黏性液体以及弹性固体两种物质的特点，为通常使用的阻尼材料。该材料通常为高分子聚合物。聚合物曲折的分子链在受到外界的拉伸作用时会形成扭转，发生形变，并且扭转和滑移现象也会发生在大分子链段间。聚合物发生扭转变形的大分子链在外力作用去掉之后，会恢复到其原来的形状，在此过程中外界作用力所做的功被全部返还，这称为弹性。但是，在此过程中，聚合物也会形成一定的永久变形，归因于一部分不能完全复原的大分子链段的形变，这称为黏性。除了变形的能量外，一些不可恢复的能量以热的形式散失到环境中，这是阻尼形成的根本原因。由于聚合物材料具有较多的分子链段，因此其阻尼性能最好。

聚合物的重要特征之一就是具有黏弹性，聚合物形成阻尼效应的重要原因就是其在外界交变作用力下的滞后和机械损失。高分子材料在玻璃化转变温度（T_g）附近，其损耗模量（E''）和损耗因子（$\tan\delta$）呈现峰值，这主要是由于聚合物大分子链段的自由运动在处于较低的温度或较高的频率下的玻璃态时被冻结，此时键长和键角变化是高分子产生形变的主要原因，此过程只是把机械能以位能的形式储藏起来，没有能量耗散，因此 $\tan\delta$ 值很小；聚合物的链段运动在较高的温度和较低的频率下的高弹态时是协同的，此过程只是把机械能储存为形变能，无法消耗机械能，因此 tanδ 值也很小。玻璃化转变区或黏弹态处于两者之间，在此过程中高分子吸收了一定的能量，链段之间开始产生受阻摩擦运动，并且内部摩擦很大，因此可以将大部分机械能转化为热量耗散掉，tanδ 值最大。图 1-1 是聚合物在一定频率下的动态力学性能随温度的变化曲线。

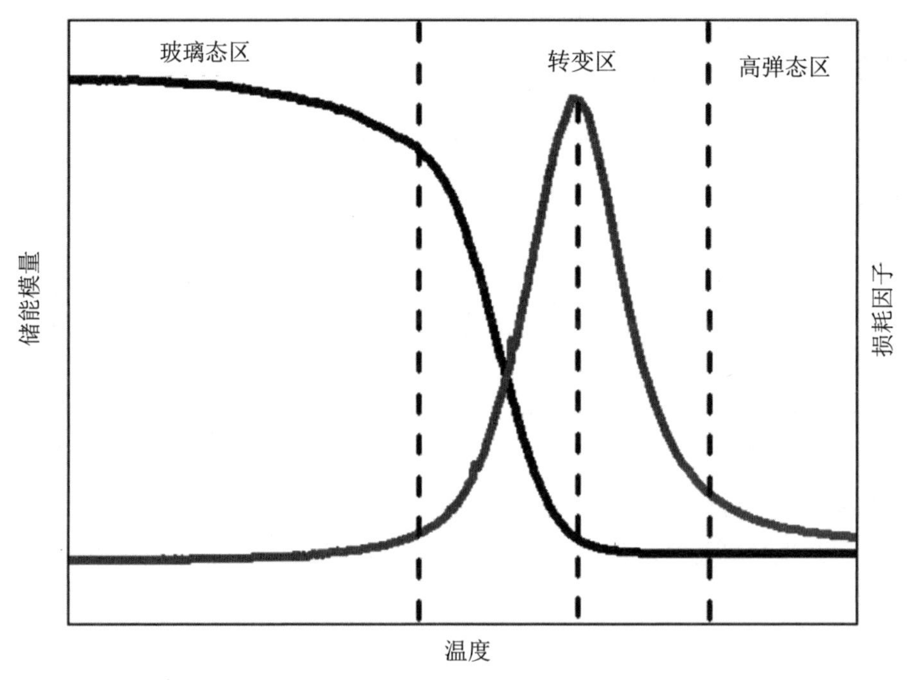

图 1-1　高分子材料动态力学性能随温度变化曲线

如图 1-2 所示，当对聚合物施加交变应力 σ 时，聚合物链段为了重新达到平衡状态，链段开始运动，而分子内部链段运动调整需要时间，使得应变 ε 落后于应力 σ 一个相位变化 δ，就形成了应力应变滞后圈，其面积就是一个循环中损耗的机械能，损耗的能量与滞后角 δ 相关，如公式 1-1（σ_0 是交变应力的峰值，ε_0 是应变的峰值）。因此可以将聚合物的应变分为两种，一种是与应力完全同步的 ε'，其 $\delta = 0$，$\Delta W = 0$，此时没有相位差，没有机械能损耗，代表着完全的弹性形变，只是将机械能储存为应变能；另一种是与应力完全不同步的 ε''，如公式 1-2 和公式 1-3 所示，此时相位差最大，代表完全的黏性形变，只是将机械能转变为内能损耗掉。与二者相对应的是储能模量（公式 1-4）和损耗模量（公式 1-5），分别代表着材料的弹性大小和内耗能力大小，而以二者的比值（tan$\delta = E'/E''$）代表材料的阻尼性能。在实际应用中，常常以损耗因子 tanδ 的峰值以及阻尼温域（tan$\delta \geqslant 0.3$ 的温度范围）作为衡量材料阻尼性能好坏的重要标志。

$$\Delta W=\pi\sigma_0\varepsilon_0\tan\delta \tag{1-1}$$

$$\delta=\frac{\pi}{2} \tag{1-2}$$

$$\Delta W=\pi\sigma_0\varepsilon'' \tag{1-3}$$

$$E'=\frac{\sigma_0}{\varepsilon_0}\cos\delta \tag{1-4}$$

$$E''=\frac{\sigma_0}{\varepsilon_0}\sin\delta \tag{1-5}$$

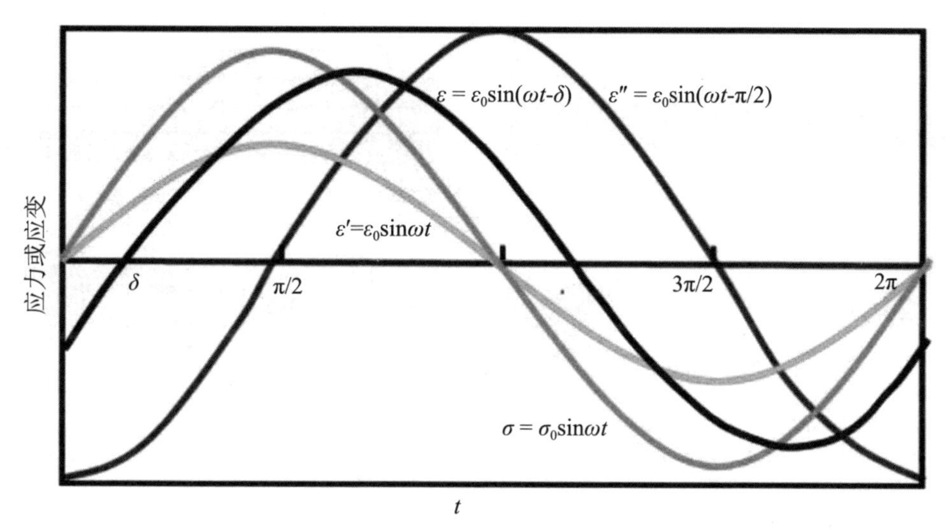

图 1-2 聚合物应力应变时间图谱

如图 1-3 所示，阻尼结构可按照高分子材料与金属的复合方式分为两类：自由阻尼结构和约束阻尼结构。自由阻尼（或延伸阻尼）就是在金属结构件表面直接粘贴一层聚合物材料，阻尼层会在金属结构件发生弯曲时产生拉伸形变来耗散一部分外界机械能。约束阻尼就是在自由阻尼基础上，再粘贴一层具有较高模量的刚性约束层，此时阻尼层会在结构件的外力作用下发生弯曲时产生一定的剪切形变，从而可以耗散一部分外界机械能起到阻尼作用。损耗模量（E''）值越大，自由阻尼作用越强，损耗因子（$\tan\delta$）值越大，约束阻尼作用越强。相比较约束阻尼而言，自由阻尼结构更加简单，施工更加方便，但约束阻尼结构的减振降噪效果大大优于自由阻尼结构。

虽然约束阻尼对于提高复合材料阻尼性能来说，是一个非常重要的方式，但是当应用于弯曲和复杂结构件的表面时，表现出较大的局限性。其中一个原因是，在弯曲和复杂的表面上施工难度很大，而且一般情况下会影响涂层的质量，使其易剥离，尤其是在恶劣的天气状况下。鉴于上述缺点，等离子体沉积技术近年来已被用于将约束阻尼结构应用于复杂表面，具体的方法是将软的聚合物使用等离子真空沉积技术沉积在基底上，然后再将一层坚硬的陶瓷层沉积在高分子上。采用等离子真空沉积技术既可以使界面间形成良好的界面强度，也可以使复杂表面的涂层构建更加便利。

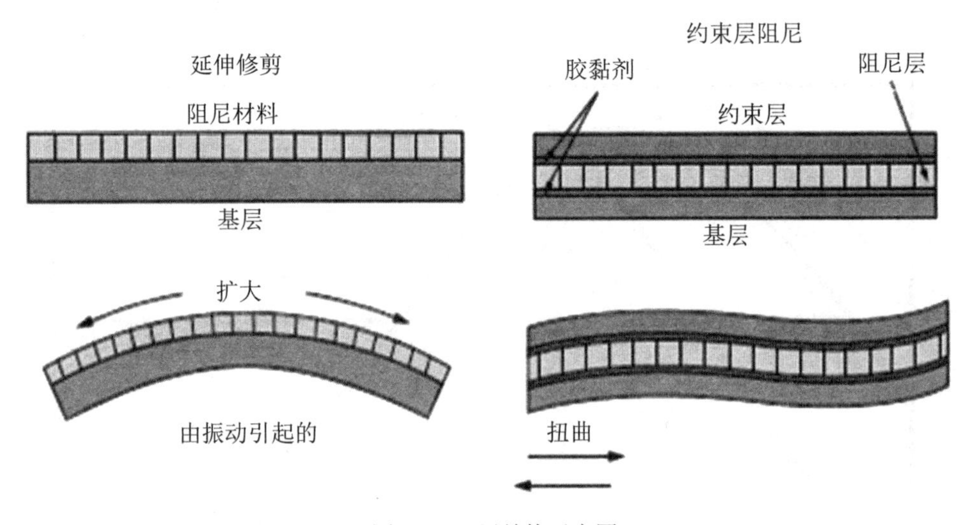

图 1-3　阻尼结构示意图

1.2.2.3　阻尼复合材料

使用具有良好机械性能和阻尼性能的高分子材料作为基体，并用各种纤维增强的材料称为阻尼复合材料，其阻尼或能量耗散的主要机制如下所述。

（1）高分子基体和增强相的纤维都具有一定的黏弹性，其中高分子基体的黏弹性耗能是绝大多数阻尼复合材料耗能的主要原因。一些高阻尼的纤维，例如碳纤维和 Kevlar 纤维，也具有较高的阻尼性能，其同样对复合材料贡献一定的阻尼耗能。

（2）中间相具有一定的能量耗散能力。与纤维轴线方向相同并且紧靠纤维表面的区域称为中间相。中间相的性能与聚合物基体和添加的纤维相完全不同，且通常具有一定的厚度。中间相的性质会在一定程度上影响复合材料的机械性能，从而对其阻尼性能产生影响。

（3）材料损坏会耗散一部分外界机械能。在外界交变应力作用下，在聚合物基体和纤维接触界面，会产生一定的滑动或分层，从而产生一定的摩擦阻尼作用，摩擦阻尼归因于基体与纤维界面之间无约束区域的滑动或分层，复合材料内因基体裂缝或纤维断裂也会损耗一部分外界机械能。研究表明，基体和纤维界面处的滑动可以极大提高复合材料的阻尼性能。高分子阻尼复合材料的主要类型有碳纤维增强塑料复合材料、短碳纤维增强复合材料和 Kevlar/ 环氧树脂复合材料。

1.2.2.4 智能型阻尼材料

智能材料具有自感知、自判断和自适应的特点，智能阻尼材料就是将上述智能材料应用于减振降噪的新型阻尼材料，其与高分子复合制备的阻尼材料，成为阻尼材料领域的一个新的研究方向。

（1）压电阻尼材料。

在智能阻尼材料中，压电阻尼材料是目前世界上研究较多的类型，它是通过在聚合物基体中加入压电相和导电相而制备得到的。阻尼原理是：首先复合材料内的压电陶瓷具有压电效应，其会把外界振动或噪声等机械能转化为电能，产生的电流会在流经复合材料内部的导电网络时转化为热能而耗散掉，从而使高分子基体的减振降噪性能得到较大的提高。当外界机械能到达复合材料内的压电陶瓷颗粒时，会通过其压电效应而转化成电能，交流电压产生于复合材料内，复合材料内的体积电阻率较高或较低，导致产生的电流无法及时耗散，从而再次转变成振动能，只有在复合材料内部形成合适的体积电阻率，才能保证产生的电流可以及时耗散，从而快速衰减振动并达到阻尼的目的。除了外界机械能 - 电能 - 热能的压电阻尼耗能外，聚合物基体的黏弹性也可以耗散一部分外界机械能，从而使压电阻尼复合材料具有较好的阻尼性能。

（2）电流变阻尼材料。

电流变流体是比较容易受电场影响的特殊液体，它是由油性基液中添入微小的多孔固体颗粒组成的，根据外界电场的变化，可以在较短的时间内改变自身的表观黏度是该材料最突出的特点，它的 $\tan\delta$ 值能够在几毫秒的时间内从 0 大幅度增加至 15～18。流体状态的变化可逆，可以从液体变成半固体，甚至是固体，并且这种变化是可逆的。国外针对电流变流体在振动控制方面做了大量工作。在美国，电流变流体在美国已经被用于高速列车的减振系统；日本、德国和其他发达国家每年都有涉及电流变流体的许多文献和专利，其主要应用于汽车、仪表、机械和机器人关节的振动控制方面。

（3）磁致伸缩阻尼材料。

将材料的机械性能与磁性结合起来就可以制备得到磁致伸缩材料。材料发生变形可以产生磁场（维拉利效应），对材料施加磁场也能够使材料产生形变（焦耳效应）。磁畴在自然条件下，其“原子或晶体水平的磁性”是任意取向的，不存在净磁或变形。但是，磁畴在外界作用力或磁场的影响下，为了减少内部能量的变化会发生运动。材料在一定的应力或磁场作用下，会产生较大的净畴（net domain）运动，从而产生明显的磁场或变形。

磁致伸缩材料用于阻尼涂料时，其既可以在由滞后引起能量吸收的被动模式下，也可以在主动模式下利用。磁致伸缩材料的减振降噪作用在被动模式下，是由于其磁畴内壁甚至整个磁畴的运动而引起的。在被动模式下，磁致伸缩材料的阻尼效应来自磁畴内壁或甚至整个磁畴的移动。研究表明，一种片状的由铁、铽和镝合金组成的 Terfenol D 材料，可以耗散掉将近 80% 的外界机械能，并且其硬度和黏弹性比普通黏弹性材料还要高。 如果在阻尼涂层中加入该材料，其阻尼性能会更好。此外，该材料的减振降噪性能与频率关系不大，仅取决于振幅的大小。Terfenol D 目前存在的最大问题是其较低的拉伸强度，在一定程度上限制了其实际应用。

1.3 提高聚合物基体阻尼性能的方法

高聚物玻璃化转变的温域直接决定了材料的有效阻尼温域。对均聚物或无规共聚物来说，其玻璃化转变的温域一般只有 20 ~ 30 ℃，而振动一般是在一个较宽的温度范围内发生的，即实际应用要求为材料的 $\tan\delta > 0.3$ 的阻尼温域要达到 60 ~ 80 ℃。橡胶的玻璃化转变温度 T_g 一般远低于室温，而塑料的 T_g 又远高于室温，距实际使用温度相差太远，因此绝大部分均聚物是不能作为阻尼材料单独使用的。所以在设计高聚物阻尼材料时，一方面要使材料的 T_g 与材料的实际使用温度相适应；另一方面要尽量扩大材料的玻璃化转变温度区域。

具体来说，拓宽聚合物玻璃化转变温域的方法主要有以下几种。

（1）加入增塑剂或填料；

（2）共混或嵌段、接枝共聚；

（3）生成互穿聚合物网络（IPN）。

早期的聚合物阻尼材料主要是单一组分的均聚物，其玻璃化转变温度区间比较窄，只能在有限的温度与频率范围内使用。为了拓宽黏弹性阻尼材料的使用温度与频率范围，相继发展了将两种以上的高聚物以共聚、共混或互穿网络的方式复合，通过拓宽其玻璃化转变区间，从而达到拓宽阻尼材料的使用温域与频率范围的目的。在诸多制备方法中，IPN 技术是当前制备宽温域高效阻尼材料最有发展前景的方法之一。

1.3.1 填充改性

国内外研究表明，添加剂是影响高聚物动态阻尼特性的显著因素，因此国内外很多专家近年来十分重视新型填料的研究。无机填料的加入将在一定程度上改变体系的相容性、提高材料的硬度，同时由于填料间的相互摩擦及填料与高分子间的摩擦作用，限制了分子的运动，增加了应力应变间的相位滞后，大幅度地提高了损耗模量和损耗因子，扩大了材料的阻尼温域。

目前常用的无机填料有云母、石墨、空心微珠、短碳纤维、玻璃棉、TiO_2 和压电陶瓷等，此外，利用一些有机小分子与聚合物形成杂化体得到高阻尼材料的做法，也为制备高性能阻尼材料开创了新概念和新方法。但要注意的是，填料对聚合物材料阻尼性能的影响有两方面。一方面，填料填充了聚合物分子链段间的间隙，使自由体积减小，限制了分子链段的运动，降低了阻尼值，起副作用；另一方面，在玻璃化转变区内，填料与聚合物及填料之间的内摩擦作用随分子运动的加剧而增大，从而提高了材料的阻尼值。究竟哪一种作用占优势，取决于填料本身的结构。

Chen 等制备了蒙脱土填充的蓖麻油基聚氨酯 / 环氧树脂接枝 IPN 复合材料，并系统地研究了该复合材料的阻尼性能、热稳定性和机械性能。研究结果表明，添加蒙脱石填料可以提高复合材料的阻尼性能和热稳定性能，并且当蒙脱石质量分数分别为 1% 和 3% 时，复合材料的拉伸强度和杨氏模量提高最为显著，当蒙脱土质量分数为 3% 时，复合材料阻尼性能最好，$\tan\delta > 0.3$ 的温度范围为 51.1 ~ 103.8 ℃，损耗因子在 73.9 ℃ 达到最大值 1.132。

Xu 等制备了有机蒙脱土填充的豆油基聚氨酯 / 环氧树脂互穿聚合物网络。研究结果表明，有机蒙脱土的添加有利于提高复合材料的玻璃化转变温度和热稳定性，阻尼性能略有下降，这可能归因于蒙脱土层的添加在一定程度上阻碍了聚合物链段的流动性，插层到蒙脱土层中的聚合物链，由于蒙脱土层的限制作用变得僵硬并且对外界动态作用力响应变慢，从而阻尼性能下降。当蒙脱土的质量分数分别为 4% 和 6% 时，复合材料的拉伸强度和弹性模量分别提高了 64% 和 391%。

Wang 等制备了短切碳纤维和空心玻璃微珠填充的聚氨酯 / 环氧树脂接枝互穿聚合物网络。研究结果表明，短切碳纤维和空心玻璃微珠的添加有利于提高复合材料的阻尼性能、热稳定性和机械性能，当短切碳纤维质量分数为 5%，空心玻璃微珠质量分数为 3% 时，复合材料阻尼性能最好，$\tan\delta > 0.3$ 的温度范围为 81.1 ~ 130.5 ℃，损耗因子在 105.7 ℃ 达到最大值 0.715。

Zhou 等制备了单壁碳纳米管增强的环氧树脂复合材料。研究结果表明，该复合材料阻尼性能的提高主要为碳纳米管和环氧树脂基体之间的界面摩擦耗能所致，并提出了“stick-slip”的耗能机理。

Rajoria 等研究了碳纳米管 – 环氧树脂复合材料的硬度和阻尼性能，研究结果表明，相比较硬度的提高而言，碳纳米管的加入对复合材料阻尼性能的增强作用更明显，并且多壁碳纳米管（MWNT）具有比单壁碳纳米管更明显的增强作用，当 MWNT 质量分数为 5% 时，复合材料的损耗因子相比较环氧树脂基体提高了约 700%。

Khan 等制备了碳纳米管掺杂的碳纤维增强环氧树脂复合材料，并研究了不同振幅、自然频率和振动模式下复合材料的阻尼性能。研究结果表明碳纳米管的添加有利于增强复合材料的阻尼性能，这主要归因于碳纳米管 – 基体之间的界面摩擦耗能。

Finegan 等使用弹性理论、有限元和材料力学公式等理论模型表征了涂层纤维增强复合材料的阻尼损耗因子，通过与具有涂层纤维增强的复合材料的实验阻尼结果进行比较来验证理论模型。结果表明，在纤维上使用黏弹性聚合物涂层是改进复合材料阻尼性能的有效方式，这主要是由于剪切变形对于聚合物中的黏弹性阻尼至关重要，聚合物包覆纤维的添加可以使复合材料在纤维 – 基体附近产生大的剪切应变耗能。

范永忠等研究了玻璃纤维和碳纤维及其混杂增强环氧树脂复合材料的阻尼性能。研究结果表明，玻璃纤维复合材料的阻尼性能比碳纤维复合材料的要好得多，但是由于碳纤维比玻璃纤维的模量要高，高性能复合材料的力学性能中刚度的保证需要碳纤维。经玻璃纤维 / 碳纤维混杂后，复合材料的阻尼性能符合混合率，阻尼因子介于玻璃纤维复合材料和碳纤维复合材料之间。玻璃纤维在外层时，复合材料的阻尼性能高于玻璃纤维在内层时的情况。

张文等对氧化锌晶须 / 环氧树脂复合板材减振阻尼材料进行了研究分析，自由振动实验表明，渗入氧化锌晶须的环氧树脂阻尼增加效果明显，阻尼系数随着晶须渗入量的增加呈线性增长，这可能是由于氧化锌晶须的渗入在复材中形成了微观的阻尼结构，起到降低固有振动频率和增大衰减率的作用。

Kishi等研究了热塑性弹性体插层碳纤维增强环氧树脂复合材料的阻尼性能，一些热塑性弹性体，例如聚氨酯弹性体、聚乙烯离子聚合物和聚酰胺弹性体等用作碳纤维环氧树脂复合材料的插层薄膜。研究结果表明，插层聚合物在复合板测试温度时的黏弹性反映复合材料的阻尼性能，插层聚合物薄膜的损耗因子对复合板的阻尼性能起重要作用；除此以外，插层聚合物薄膜在复合板共振频率下的硬度也对复合板的损耗因子起重要作用。复合材料的阻尼性能不仅跟插层聚合物的黏弹性有关，而且与增强相碳纤维的铺层方式有关，主要是由于其可以控制层间区域的硬度以及中间插层聚合物薄膜的应变。

1.3.2 共混或嵌段、接枝共聚

单一高分子材料的有效阻尼区域较狭窄，用作阻尼材料时经常无法满足宽温域高阻尼的使用要求。为拓宽玻璃化转变温域，将两种或多种聚合物进行共混改性是最常用的改性方法，其原理是通过共混使聚合物材料具有微观相分离的结构从而拓宽阻尼峰的半峰宽，使其两个（或多个）玻璃转化区的凹谷上升为平坦区。这就要求共混的聚合物的 T_g 值相差比较大，共混组分必须是部分相容的，这时两组分（或多组分）的玻璃化温度才能产生相对位移和靠近。

Liu 等采用向高乙烯基聚丁二烯橡胶（HVBR）中添加乙烯 - 醋酸乙烯共聚物（EVM）的方法来扩宽 HVBR 的阻尼性能，研究了不同的制备方法如机械混合和原位聚合，以及不同的混合比例对复合材料阻尼和物理性能的影响，研究结果表明，原位聚合方法比传统的机械混合方法所制备的 HVBR/EVM 复合材料的两相具有更好的分散性和均一性，阻尼温域也得到大大扩宽，当 HVBR/EVM900=100/40 时，其 $\tan\delta > 0.3$ 的温度范围为 −6.6 ~ 39.4 ℃。

Liao 等通过熔融混合制备了一系列不同组分比的丁基橡胶（IIR，异戊二烯 - 异丁烯橡胶）和酸酐接枝聚丙烯（PP）共混物。研究结果表明，一方面，共混物为 PP，为连续相的非均相结构，并且其在 −60 ~ 0 ℃ 温度范围内的阻尼特性受到 IIR 相的液态弛豫峰的强烈影响，连续 PP 相的存在趋于抑制损耗因子峰的强度并使其移向较低的温度；另一方面，IIR 的交联对损耗因子的峰值强度几乎没有影响，使其倾向于向更高的温度偏移，上述现象可以用热失配应力和交联影响 IIR 相的液 - 液转变来解释。

Sirisinha 等研究了填料种类和橡胶极性对丁苯 / 丁腈橡胶（BR/NBR）共混

物中填料分布的影响。研究结果表明，当添加30份填料时，可以观察到共混物由于稀释效应阻尼峰值（$\tan\delta_{max}$）降低。此外与NBR相比，共混物中的BR相与小粒径和大粒径炭黑填料具有更好的相容性，这可能归因于BR相较低的黏度和极性。另外，使用二氧化硅替代炭黑作为混合物填料，导致BR/NBR混合物（BR/NBR质量比为20∶80）中更多的填料向NBR相迁移，这可归因于二氧化硅与NBR相之间具有强烈的相互作用，增加NBR的极性也会促进炭黑向BR相迁移。

Chen等采用溶液混合和双辊混炼法制备了氧化石墨烯添加的乙烯－丙烯－二烯橡胶（EPDM）/石油树脂（PR）共混物。DMA测试结果表明，虽然EPDM/PR为分相混合物，但由于EPDM和PR两相具有较好的相容性，混合物只呈现一个损耗因子峰，相比较EPDM而言，EPDM/PR混合物具有更高的损耗因子峰值，更宽的玻璃化转变温域和$\tan\delta > 0.3$的有效阻尼温域，对于GO/EPDM混合物，当GO的添加量为0.5%时，相比较EPDM而言，GO/EPDM复合材料的玻璃化转变温度T_g由−23.8 ℃降低至−25.3 ℃，这可能是由于GO的存在降低了EPDM网络的交联密度。此外，GO/EPDM的峰值略有升高，阻尼温域也得到拓宽，这可能归因于GO和EPDM基体之间的相互摩擦作用，由于GO具有较大的比表面积，从而产生的大量的填料－基体之间的摩擦效应要远远强于GO对EPDM交联密度的稀释效应。因此，GO的添加有利于提高高分子的阻尼性能。此外，对于GO/EPDM/PR复合材料，其T_g值相比较EPDM/PR混合物向高温方向移动，说明GO的存在在一定程度上阻碍了EPDM/PR混合物高分子链的运动。当GO添加量为0.2%时，GO/EPDM/PR复合材料的损耗因子峰值由0.67提高至0.75，有效阻尼温域也得到有效拓宽，这可能是由于GO表面的π-π共轭网络与PR的芳香基官能团之间的π-π络合作用所致的。

Chu等采用室温下光聚合工艺制备了具有较好压敏黏合性能的乙酸乙烯酯（VAc）和丙烯酸正丁酯（BA）共聚的橡胶状阻尼片，该共聚物由聚丙烯酸丁酯（PBA）嵌段形成的橡胶区域分散在由聚乙酸乙烯酯（PVAc）嵌段构成的玻璃状区域中，从而可以形成有效的阻尼体。该共聚物样品具有较好的阻尼性能，在一定的温度范围内$\tan\delta$峰值高达1.76～1.80，并且具有较宽的有效阻尼温域；此外，VAc含量越高，共聚物阻尼性能越好。

Meiorin等采用阳离子共聚的方法制备了具有不同组分比的桐油与苯乙烯共聚物，并研究了其阻尼性能和机械性能。研究结果表明，所有共聚物的玻璃化转变温度都接近室温，并且T_g随着苯乙烯含量的增加而升高，模量与玻璃化转变温度的变化趋势相似，当苯乙烯的质量分数从35%增加到70%，共聚物模量由4.89 MPa增加至13.92 MPa，该硬质弹性体共聚物具有较高的阻尼性能，对于苯乙烯质量分数为70%的桐油/苯乙烯共聚物，其在28.9 ℃和43.3 ℃的损耗因子值分别为0.4和1.38，可以作为室温附近环境下良好的阻尼材料。

1.3.3 生成互穿聚合物网络

互穿聚合物网络（IPN）是一种由两种或两种以上聚合物通过互穿或相互缠结形成的聚合物合金，是目前制备具有宽T_g范围和优异阻尼性能材料的最有前途的技术。Qin等制备了一系列的聚氨酯/乙烯基酯树脂IPN和梯度互穿聚合物网络（PU/VER IPN和梯度IPN）。研究结果表明，梯度IPN具有比PU/VER IPN材料更好的阻尼性能。当采用异丁酸丁酯作为VER的共聚单体，PU/VER梯度IPN的每层组分质量比分别为50∶50、60∶40、70∶30且每次固化间隔时间为3 h时，复合材料具有最好的阻尼性能，其$\tan\delta > 0.3$的温度范围可达−57～90 ℃，$\tan\delta > 0.5$的温度范围为−36～54 ℃。

Lv等利用自动分层机制备了一种新型连续梯度聚氨酯/环氧IPN材料，DMA测试结果表明，其$\tan\delta > 0.3$的温度范围为7.18～124.87 ℃，最大损耗因子值为0.67。

Qin等采用悬臂法，以钢板作为基底，梯度PU/VER（BMA）IPN作为涂层，以不含填料或者含有普通无机填料和晶须的聚硫橡胶改性环氧树脂作为约束层，对阻尼层与钢梁的厚度比以及不同组分含量的梯度涂层的涂覆顺序对扩展阻尼结构的损耗因子η的影响进行了研究，并对约束层与阻尼层之间的厚度比以及涂层时间间隔对约束阻尼结构阻尼性能的影响进行了分析，通过向约束层添加普通无机填料和晶须使得约束层模量进一步增加，从而增大整个结构的损耗因子值。研究结果表明，对于扩展阻尼结构，梯度涂层与钢板基底的厚度比为2∶1，阻尼层PU/VER涂覆顺序为70∶30-60∶40-50∶50（在钢梁上，第一层为质量比为70∶30的IPN，第二层为质量比为60∶40的IPN，第三层为质量比为50∶50的IPN）的材料阻尼性能较好；对于约束阻尼结构，其损耗因子值随着频率的升高而降低，当约束层和阻尼层厚度分别为1 mm，每层涂覆时间间隔为3 h，约束层含有10%的硼酸铝（$Al_{18}B_4O_{33}$）晶须时，约束阻尼结构的阻尼性能最佳，其在低频共振模式下损耗因子大于0.4的温度范围为−20～55 ℃，η值随着温度的升高逐渐降低，其在−20 ℃时的值可达0.32。

Chen等制备了不同含量的钛酸钾晶须（$K_2Ti_6O_{13}$，PTW）填充的蓖麻油基聚

氨酯 / 环氧树脂 IPN 复合材料。研究结果表明，钛酸钾晶须的添加可以大大提高复合材料的阻尼性能，热稳定性和拉伸强度，当 PTW 的质量分数为 3% 时，复合材料的阻尼性能最佳，最大损耗因子值为 1.26，$\tan\delta > 0.3$ 的温度范围为 44.2 ~ 90.8 ℃，并且损耗因子值随着频率的增加而逐渐提高。

Chen 等制备了多壁碳纳米管填充的蓖麻油基聚氨酯 / 环氧树脂 IPN 复合材料，并系统研究了不同质量分数的 CNTs 对复合材料阻尼性能、热稳定性、拉伸强度和冲击强度的影响。研究结果表明，复合材料的热稳定性略有下降，在 CNTs 的质量分数为 0.1% 时，复合材料阻尼性能最佳，在 10 Hz 的测试频率下复合材料的最大损耗因子值为 1.04，$\tan\delta > 0.3$ 的温度范围为 53.1 ~ 102.2 ℃，且复合材料的储能模量增加，损耗因子值随着频率的增加而提高。此外，CNTs 的添加还可以提高 PU/EP IPN 复合材料的机械性能，当 CNTs 的质量分数分别为 0.1% 和 0.7% 时，相比较 PU/EP IPN，复合材料的拉伸强度分别提高 30.6% 和 37.8%；当 CNTs 的质量分数为 0.7% 时，复合材料的冲击强度比基体提高 54%。结论表明，当 CNTs 的质量分数为 0.1% 时，复合材料的综合性能最优。

Trakulsujaritchok 等采用一步法合成了聚氨酯 / 聚甲基丙烯酸乙酯（PUR/PEMA）互穿聚合物网络（PUR/PEMA 质量比为 70 : 30）。研究结果表明，该半相容的 IPN 体系具有两个玻璃化温度，分别为 2 ℃和 94 ℃，且其 $\tan\delta > 0.3$ 的温度范围可达 132 ℃，二氧化硅颗粒（粒径大约为 5 nm）的添加可以将复合材料 $\tan\delta > 0.3$ 的温度范围向低温方向拓宽，并且随着填料质量分数的增加（1% ~ 10%），最大阻尼值和阻尼峰逐渐增大。

Hourston 等采用一步法制备了聚氨酯 / 聚苯乙烯（PU/PS）IPN 材料，聚氨酯和聚苯乙烯的玻璃化温度相差较大，为高度不相容的聚合物，通过互穿聚合物网络的拓扑结构可以限制两者的相分离，得到玻璃化温域较宽的聚合物。研究通过降低聚合物网络的交联度，接枝共聚以及在聚苯乙烯中添加增塑剂的方法来提高二者的相容性。结果表明，后两种方法可以成功提高两种高分子的相容性，大大提高 IPN 材料的阻尼性能，使其 $\tan\delta > 0.3$ 的温度范围可拓宽至 135 ℃。

Huang 等采用顺序互穿聚合物网络的方法制备了一系列不同组分的聚二甲基硅氧烷（PDMS）/ 聚丙烯酸酯（PAC）为基体并复合聚甲基丙烯酸酯（PMAC）的 IPN 材料，DMA 测试结果表明，该复合材料具有可控的玻璃化转变温域，最大损耗因子值为 0.35 ~ 0.60，当 PDMS/PAC/PMMA IPN 材料的组分质量比为 37 : 37 : 26 时，玻璃化温域为 −50 ~ 170 ℃，最大损耗因子值为 0.35。此外，该 IPN 材料在低温和高温区的玻璃化转变温度峰的宽度和高度不仅与 PMAC 和 PDMS 的质量分数有关，而且也受到 PMAC 种类的影响，同时，复合材料在低温区的性能受到 PDMS 结晶度的控制，并且交联剂的含量对转变峰曲线的构型也有显著的影响。原子力显微镜结果显示该复合材料为具有区域小于 1 μm 的过渡层存在的双相连续结构，表明交织互穿网络结构是纳入不相容成分，并形成一个广泛的阻尼功能区的关键所在。

在一定程度上，IPN 材料的阻尼性能可以使用以基团分析法为基础的 LA 分析法和 TA 分析法去预测和表征[13]。公式（1-6）为损耗模量对温度曲线的积分，公式（1-7）为损耗因子对温度曲线的积分。式中，E'_R和E'_G分别是聚合物在橡胶态和玻璃态时对应的储能模量；T_G 和 T_R 分别是聚合物玻璃化转变的起止温度；R 是气体常数；$(E_a)_{avg}$ 是聚合物在玻璃化转变松弛过程中的平均活化能。通常认为，聚合物总的 LA 值是各个基团 LA 值的加和，如公式（1-8）所示，式中 LA_i 是第 i 个基团的 LA 值；M_i 是第 i 个基团的摩尔质量；M 是整个高分子链的相对分子质量；n 是高分子链的结构单元数；G_i 是第 i 个基团的摩尔损耗。一般情况下，基团极性越强，距离主链位置越近，体积越大，其 G_i 值越大，对 LA 值的贡献就越大。

$$\mathrm{LA}=\int_{T_G}^{T_R} E''\mathrm{d}T \approx (E'_G - E'_R)\frac{R}{(E_a)_{avg}}\frac{\pi}{2}T_g^2 \tag{1-6}$$

$$\mathrm{TA}=\int_{T_G}^{T_R} \tan\delta\,\mathrm{d}T \approx (E'_G - E'_R)\frac{R}{(E_a)_{avg}}\frac{\pi}{2}T_g^2 \tag{1-7}$$

$$\mathrm{LA}=\sum_{i=1}^{n}\frac{\mathrm{LA}_i M_i}{M}=\sum_{i=1}^{n}\frac{G_i}{M} \tag{1-8}$$

1.4 压电材料及压电阻尼复合材料

1.4.1 压电材料

随着科学技术的发展，具有单一功能的材料已经不能满足人们的使用要求，人们开始广泛地开发同时拥有电、磁、热和光等多重功能的智能材料，并加以应用。压电材料为电弹性耦合的智能材料。法国物理学家 Pierre Curie 和 Jacques Curie 在 1880 年发现石英具有压电效应，即当其受到外界压力时，会在上下两面形成异种电荷，电荷在外力去除后随之消失，并在之后验证了逆压电效应。

此后研究者更深入证实一些材料在受到外界作用力时，其晶格或分子链中的电荷会发生运动，从而造成电荷在材料内部的不均匀分布而产生电位移。如图 1-4 所示，材料内原子轨道上的电子分布变形或离子移动会在材料内部形成离子偏极化，此即电位移，其会使晶体内部产生宏观电极化，此现象只存在于无对称中心的晶体内。材料在外界作用力下两个表面形成异种电荷，并且在外界作用力去除之后又回到不带电状态，这种具有压电或逆压电效应的材料称为压电材料。压电材料目前大致划分为无机压电材料、压电聚合物和压电复合材料，如图 1-5 所示。

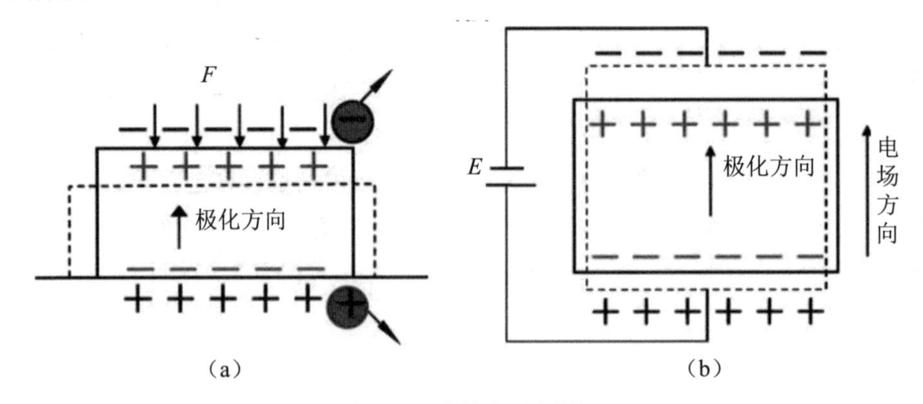

图 1-4　电效应示意图

（a）正压电效应；（b）逆压电效应

1.4.1.1　无机压电材料

自居里兄弟发现压电现象后，已经有许多自然存在和人工制造的无机压电材料被研究者相继发现，如罗息盐（$NaKC_2H_4O_6·4H_2O$）、石英（α-SiO_2）、钛酸铅（$PbTiO_3$）、钛酸钡（$BaTiO_3$）和锆钛酸铅（$PbZr_xTi_{1-x}O_3$，PZT）等。PZT 与其他无机压电材料相比得到了更广泛的使用，是因为其具有较好的正逆压电效应，较强的自发极性、比较高的居里温度值以及较高的机电耦合系数。PZT 虽然应用广泛，但同时也具有明显的缺点。其由于硬而脆的特性而难以成型和加工，不能比较容易地制备得到任何形状，并且抗冲击性差，因此在一定程度上使自身应用受到限制。

1.4.1.2　压电聚合物

压电聚合物就是在经过延长拉伸和电极化后产生压电性能的高分子。日本学者 Kawai 于 1969 年发现单轴拉伸且在较高的温度下经过较强的电场极化后的聚偏氟乙烯（PVDF）薄膜能够产生一定的压电效应，并证实其具有商业应用价值，从而使聚偏氟乙烯用作能量转换的材料而得到了广泛的使用。这一重要发现极大地推动了 PVDF 作为能量转换功能材料的应用。与无机压电材料相比，压电聚合物具有更小的压电应力常数（d_{31}，d_{33}），而压电聚合物的压电电压常数（g_{31}，g_{33}）则大大优于无机压电材料，因此相比较无机压电材料而言，压电聚合物用作传感器材料更有优势。与此同时，高分子材料具有较低的密度、良好的韧性、比较低的声阻抗、良好的热释性，并且可以根据实际应用需要制备得到具有复杂形状的大面积材料，可广泛应用于仿生机器人、光学仪器、医疗设备、超声设备、电声换能器和水听器等领域。

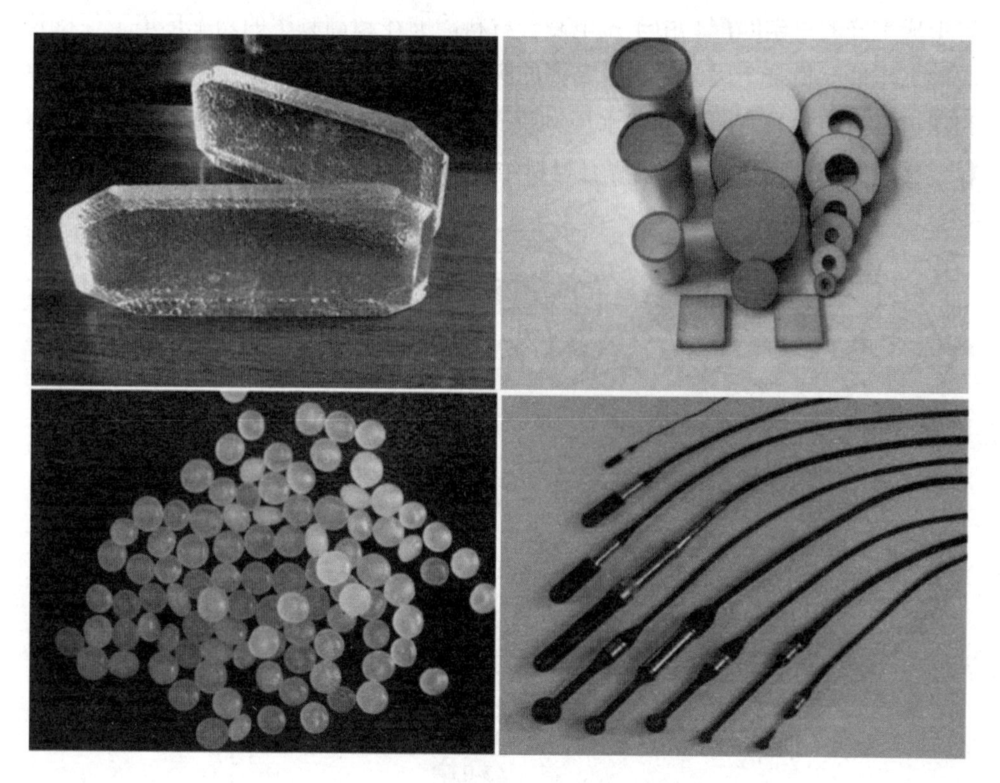

图 1-5　不同种类压电材料实物图

1.4.2　压电复合材料

压电复合材料是指由两相或多相组成的具有压电效应的复合材料，其中研究最多的为两相材料，压电相通常使用 $PbTiO_3$ 或 PZT 等压电陶瓷，高分子通常为环氧树脂或者聚偏氟乙烯等聚合物。除此以外，制备压电复合材料经常用到的无机压电相还有 $BaTiO_3$ 和 PLZT 等，高分子基体还包括 PP、P(VDF-TrEE) 和橡胶材料等。

压电复合材料是拥有压电效应的新型材料，它是由至少一种压电材料和非压电相材料以某种连通方式结合起来制备得到的。压电复合材料可以同时具有压电和非压电材料的优点，或者两相的折中效果。压电复合材料的较大优势为其可以按照材料使用的具体环境来设计材料的各项性能参数，例如对其开发、改性以及制备过程的探索，从而显示出良好的可设计性。

压电复合材料与单一的无机压电材料或压电聚合物材料相比具有较大的优势：具有较好的抗冲击性能；高分子基体良好的柔韧性便于其制备成弯曲的大面积材料；较低的声阻抗性能和较低的密度可以与非金属材料、生物体、水和气体等形成更好的声学匹配。由于压电复合材料能够在超高频率的功率环境下保持长时间工作性能稳定，因此可用于高清的医学成像器械。此外，压电复合材料与单相压电材料相比具有更高的静水压灵敏值（$d_h \cdot g_h$），因此可以用作水听器的原材料。常见的压电陶瓷 / 聚合物复合材料结构示意图如图 1-6 所示。

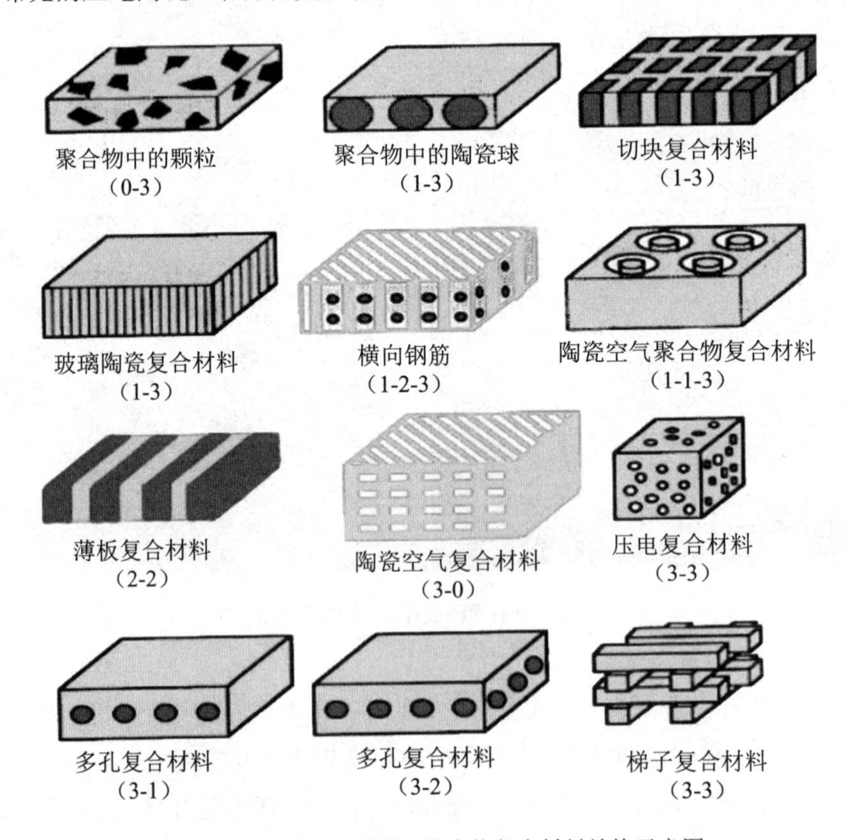

图 1-6　常见的压电陶瓷 / 聚合物复合材料结构示意图

0-3 型压电复合材料的通常制备方法为涂覆法和轧膜法，不同种类的高分子可根据具体情况采用不同的混合方法。最近人们开发了水解聚合法、溶液聚合法和凝聚胶体法等新的制备方法，其中溶液聚合法过程简单，容易实行，并且复合效果一般良好，其主要的制备过程是将一定量的压电陶瓷粉与高分子单体以及溶剂在比较高的温度下通过热引发开始聚合反应，或者向体系中添加引发剂从而引发高分子单体聚合而形成复合物。随后在真空环境下加热烘干以去除溶剂，对其研磨过后冷压成型，再经过敷电极，热压成型，以及打磨、洗涤干燥后，就可以得到 0-3 型压电复合材料。

孙洪山等通过热压工艺以及冷压工艺两种方法获得 0-3 型 PZT/PVDF 压电复合材料。研究表明，复合材料的压电以及介电常数，通过热压工艺获得的材料性能都大大优于冷压工艺。目前较为常见的无机压电陶瓷为 PZT，通常使用的高分子基体为环氧树脂材料，国内外研究人员广泛研究了 0-3 型 PZT/ 环氧压电复合材料的制备及各项性能。

Nhuapeng 等获得了压电系数（d_{33}）值为 25.3 pC/N、机电耦合系数值为 0.54，且与人体组织表现出相近阻抗的 0-3 型混合 1-3 型 PZT/ 环氧压电复合材料。

1-3 型压电复合材料主要包括两种类型，即压电相陶瓷为柱状的压电柱和压电陶瓷为纤维状的压电纤维复合材料，是由线性的压电陶瓷和聚合物基体结合起来组成的压电复合材料。有较多的方法可以获得 1-3 型复合材料，主要包括切割 - 填充的方法、陶瓷锯槽 - 填充的方法、模型注浆填充的方法以及陶瓷纤维束灌注的方法等。

前期主要通过将高分子基体注入排列有陶瓷柱的穿孔模具来获得 1-3 型复合材料，其缺点为陶瓷柱硬脆、比较容易断裂，因此该方法不容易得到精密复合。现在制备压电柱复合材料的常用方法为切割 - 充填法。通过使用激光和超声的切割方法，保证材料精度不大于 50 μm。此外通常利用注模法来制备需要较大面积的 1-3 型复合材料。1-3 型复合材料能够近饱和极化，归因于压电陶瓷相可与两极直接连接。目前，通常使用热压和灌注的方法来制备压电纤维复合材料。热压法制备过程如下：在研钵中放入一定质量的 PZT 纤维和 IPN 粉，随后加入一定量的稀释剂丙酮，混合均匀，然后把该混合物倒入模具中，采用平板硫化机热压为圆片状的样品。复合材料的成型温度为 200 ℃左右，圆片直径大约为 12 mm，样品的厚度为 0.9 ~ 1.0 mm。所采用的压电陶瓷纤维（或柱）结构越精巧细密，所用高分子基体的弹性模量越低，所制备得到的复合材料往往具有更好的性能。研究表明，所采用压电陶瓷纤维或棒的制作和高分子基体的类型是制备 1-3 型压电复合材料非常重要的因素，通常情况下压电材料的制备和保持其定向排列难度较大，所以复合工艺十分困难。制备 1-3 型复合材料的另一种常用方法为灌注法，在一端封闭的 PP 塑料管中放入陶瓷纤维束，灌入高分子基体，然后脱除气泡并高温固化成型，就可以制备得到 1-3 型陶瓷纤维 / 聚合物复合材料棒、复合材料棒可沿横向由钻石锯切割为薄片，然后经过打磨、抛光以及蒸镀电极步骤后对其进行极化处理。

3-1 型或 3-2 型压电复合材料的制备方法为，在垂直于极化方向的压电陶瓷的一面或两面上打孔，然后对打孔用高分子灌注。压电复合材料中压电相和聚合物基体的该种连接形式，可以降低材料的横向压电电压系数 d_{31} 和 g_{31}，从而减小复合材料的正向感应电压所受结构应力的影响。

2-2 型压电复合材料具有独特的三明治层状结构，复合材料内压电陶瓷的体积分数以及压电相和非压电相的纵横比对材料内应力的传播产生直接的影响。对于需要获得高能量和宽频带声辐射的大型声发射设备，需要材料在一定的驱动电压下形成较大的表面位移。对压电复合材料的几种连通方式进行对比，表明 2-2 型连通方式可以满足上述特殊需求。

3-3 型压电复合材料是由压电相和非压电相互相包覆而构成的三维网络结构的复合材料，其中非压电相为高分子或者空气，其与压电陶瓷在三维空间中相互贯通。压电陶瓷作为 3-3 型压电复合材料的基体相，有助于实行极化过程，可以较大地增加复合材料整体的静水压灵敏度。在超声检测方面，3-3 型压电复合材料具有广泛的使用价值。目前 3-3 型压电复合材料主要通过塑料球粒燃烧的方法、复型的方法以及计算机辅助熔丝沉积技术等来获得。

0-3 型压电复合材料是高分子基体为三维互联结构，并在其中添加压电陶瓷颗粒而组成的两相压电复合材料。0-3 型压电复合材料是各种连通方式的压电复合材料中较常见且较简单的一种，且其制备成本较低，可以按照实际应用需要获得薄片、线材、棒以及模压成各种不同形状，因此 0-3 型压电复合材料具有广泛的应用领域。由于压电陶瓷主要以颗粒状均匀分布于 0-3 型压电复合材料中，导致材料内具有较差的电场通路的连通性，因此该种类型材料具有较低的压电应变系数。0-3 型压电复合材料通常具有较小的介电常数，因此其仍然可具有较高的压电电压系数，且其柔韧性也远远优于压电陶瓷，所以综合性能比压电陶瓷而言好很多。

1.4.3 压电阻尼复合材料及研究进展

在聚合物基体中加入压电相和导电相，就可以制备得到压电阻尼复合材料，其通常为0-3型压电复合材料。压电相通常为锆钛酸铅、钛酸钡、铌镁锆钛酸铅、氧化锌等压电陶瓷，导电相通常为炭黑、碳纳米管、金属粉、碳纤维等导电材料。目前已经有大量关于压电阻尼复合材料的研究发表，结果表明，压电阻尼效应可以有效提高复合材料的阻尼性能。

可以把每个压电颗粒看作一个独立的电学系统，将其视为一个由电源（V）、电阻（R）、电容（C）以及电感（L）组成的电路，如图1-7所示。根据Law等的理论，存在一个最适匹配电阻，使得整个电路能量耗散最大，这个匹配电阻可以按照公式（1-9）计算（式中是按照压电陶瓷沿着某个方向极化取向计算，本实验压电陶瓷是随机取向的，所以等效电容会有差别，但是计算公式形式是一致的）。可以看出，对于每种频率，都有其最适的匹配电阻值。

$$R=\frac{1}{2\pi fC} \tag{1-9}$$

式中：C—— 在低频自由无束缚状态下压电材料在极化方向的电容；

f—— 受到交变应力的频率。

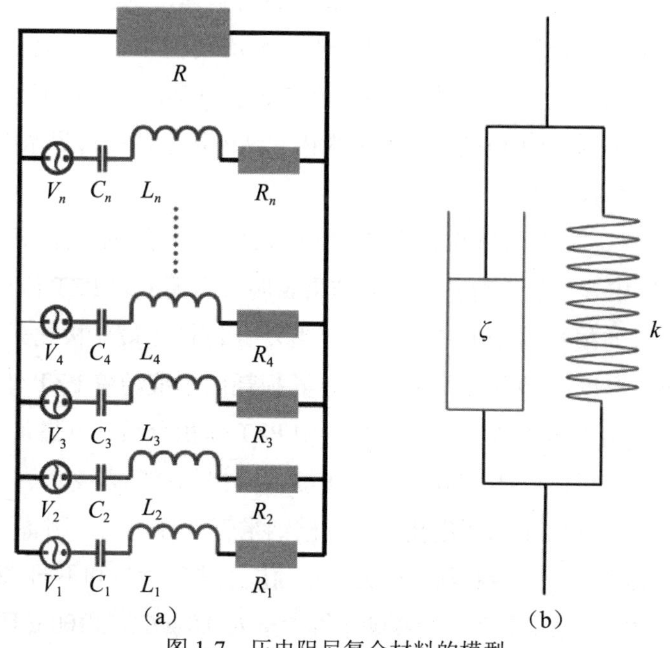

图1-7 压电阻尼复合材料的模型

（a）等效电路模型；（b）等效弹簧－黏壶模型

Hori 等采用锆钛酸铅（PZT）陶瓷粉末作为压电相，炭黑（CB）作为导电相，制备了环氧树脂基压电阻尼复合材料，研究了复合材料（PZT/EP 质量比为 70/30）损耗因子随炭黑质量分数的变化规律。研究结果表明，纯的环氧树脂基体在室温（20 ℃）下的损耗因子值为 0.035，PZT/EP 复合材料室温下的损耗因子值为 0.05，当向其中加入导电炭黑时，PZT/CB/EP 复合材料的损耗因子值随炭黑质量分数的增加而增加；当炭黑的质量分数为 0.51% 时，复合材料室温下阻尼性能最佳，其损耗因子值为 0.078；随着炭黑的质量分数进一步增加，复合材料的阻尼性能下降，表明体积电阻率对压电阻尼复合材料阻尼性能的影响非常重要。当炭黑的质量分数小于 0.45% 时，PZT/CB/EP 复合材料表现为电绝缘体，压电效应产生的电流不能有效耗散；当炭黑的质量分数为 0.45% ~ 0.51% 时，复合材料达到渗流阈值，压电效应产生的电流流经复合材料内的半导体导电网络时可以充分转化为热能而耗散掉；随着炭黑的质量分数进一步增大，当大于 0.51% 时，复合材料表现为导电体，此时电流也不能有效耗散。当进一步增大压电相质量分数至 PZT/CB/EP 质量比为 90.0∶0.5∶9.5 时，复合材料室温下的损耗因子值可达 0.15。

Skandani 等用低温水热合成方法在聚丙烯腈基碳纤维（CF）表面生长 ZnO 纳米棒作为压电－导电相，随后采用环氧树脂为基体，制备了 CF/ZnO 纳米棒 / 环氧树脂压电阻尼复合材料。研究结果表明，相比较碳纤维增强环氧树脂，复合材料的储能模量值降低了 7%，损耗因子值增加了 50%，阻尼性能的提高可归因于 ZnO 纳米棒所产生的压电效应以及纳米棒－纳米棒之间的边界摩擦和纳米棒－基体之间的界面摩擦耗能。

Sharma 等制备了不同体积分数的软 / 硬锆钛酸铅和 Fe 颗粒分散的聚二甲基硅氧烷（PDMS）基复合材料。研究结果表明，当调变软 PZT 体积分数从 0 ~ 32%，复合材料的损耗因子值逐渐增大，当复合材料在最佳极化条件（电场：1.6×10^{5} V/cm，温度：90 ℃）下极化后，其损耗因子值随着 PZT 体积分数的增大而明显提高。流变分析表明，复合材料中 PZT 体积分数从 0 增加至 32% 时，复合材料的损耗因子值可从 0.30 提高至 0.75 并且损耗峰随之变宽。

Tian 等利用锆钛酸铅为压电相，多壁碳纳米管为导电相，制备了 MWCNTs/PZT/ 环氧树脂压电阻尼复合材料，研究了不同碳纳米管含量和不同 PZT 含量下复合材料的阻尼性能。结果表明，当碳纳米管含量为 0.8 g CNTs/100 g 环氧树脂时，CNTs/EP 复合材料达到渗流阈值，继续增大碳纳米管含量至 1.5 g CNTs/100 g 环氧树脂时，复合材料体积电阻率可达 10^{-3} S/m，比纯的环氧树脂基体（$R_v=10^{-13}$ S/m）

提高 10^{10} 倍，对于 MWCNTs/PZT/ 环氧树脂三相体系，随着 PZT 含量的增加，复合材料达到渗流阈值所需要的碳纳米管含量也随之增加，并且当每 100 g 环氧树脂含 CNTs 1.0 ~ 1.5 g 时，压电效应产生的电流可以有效耗散，在渗流阈值下，复合材料的损耗因子值随着 PZT 含量的增大而增加，MWCNTs/PZT/ 环氧树脂组分质量为 1.5 g、80 g、100 g 时，复合材料的在室温（25 ℃）下的损耗因子值可达约 0.24。

Zhang 等采用 PZT 为压电相，以碳纤维为导电相，制备了氯化聚乙烯（CPE）、钛酸钡（$BaTiO_3$）、碳纤维（CF）压电阻尼复合材料。研究结果表明 CPE、$BaTiO_3$、VGCF 三相复合材料具有比 CPE、VGCF 两相复合材料更低的渗流阈值，这可归因于钛酸钡陶瓷颗粒的存在，可以有效增大复合材料中 CF 的有效体积分数。DMA 测试结果表明，复合材料的玻璃化转变温度和损耗因子值随着 CF 体积分数的增大而减小，但是在室温下，CPE/$BaTiO_3$、VGCF 三相复合材料具有比 CPE/$BaTiO_3$ 两相体系更大的损耗因子值，并且在 CF 体积分数为 8%，复合材料达到渗流阈值时，阻尼性能最佳，主要归因于复合材料内导电网络的形成有利于外界机械能 – 电能 – 热能的压电阻尼效应的发挥。

Xu 等采用 PZT 为压电相，以石墨粉为导电相，水泥 / 环氧树脂（质量比为 1 : 1）为基体制备了 1-3 型压电阻尼复合材料，如图 1-8 所示，复合材料制备过程见图 1-9。研究结果表明，压电阻尼复合材料的阻尼性能较环氧树脂基体明显增大，当石墨质量分数为 1%，压电陶瓷体积分数为 26.4% 时，复合材料在玻璃化温度（70 ℃）附近达到最大损耗因子值 0.51。

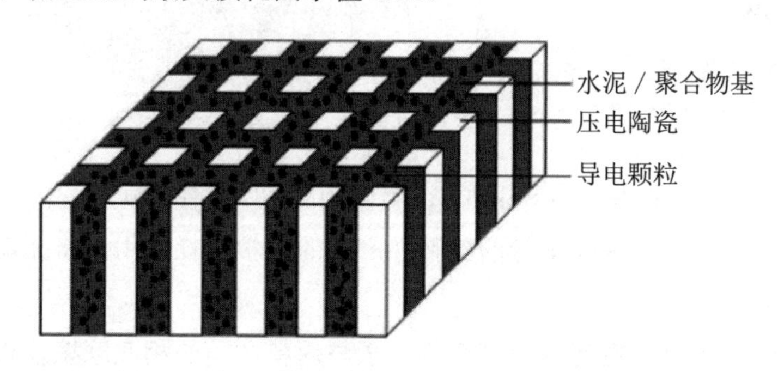

图 1-8 水泥 / 聚合物 1-3 型压电复合材料结构图

如图 1-10 所示，压电阻尼材料由压电材料、导电材料和高分子材料组成，其工作原理是利用压电陶瓷的压电效应，实现机械能 – 电能 – 热能的转变，从而达到阻尼的效果。如图 1-11 所示，压电阻尼复合材料能量的耗散有以下四种途径。

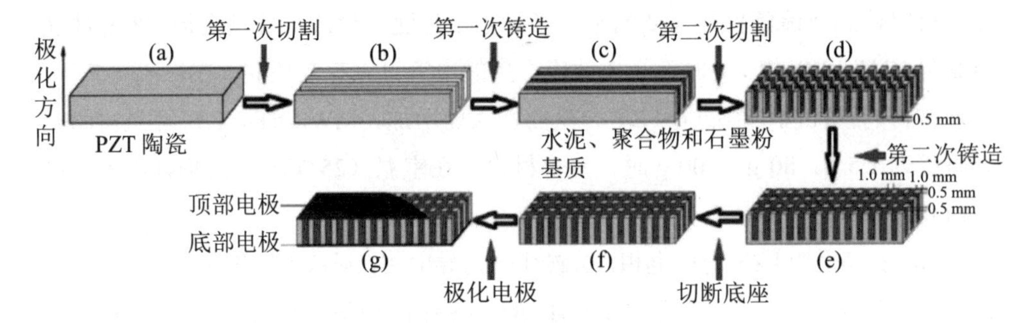

图 1-9　水泥 / 聚合物 1-3 型压电复合材料的制备流程图

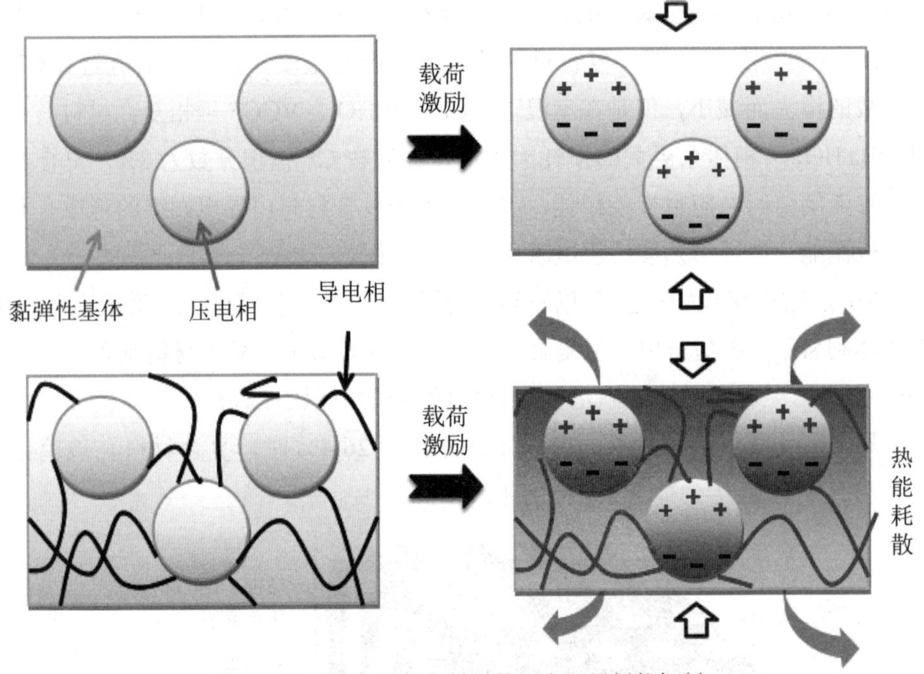

图 1-10　压电阻尼复合材料的压电阻尼耗能机制

（1）通过高分子基体本身的黏弹性产生的力学损耗作用，将振动能转变为热能。

（2）通过填料颗粒间以及聚合物分子与填料之间的相互摩擦作用消耗一部分振动能。

（3）通过压电阻尼效应耗能，即当受到交变应力的振动时，通过压电陶瓷颗粒产生的压电效应将机械能转变为电能，产生的电流流经复合材料内部导电材料形成的导电网络时转变为热能而耗散掉。

（4）利用压电陶瓷的介电性质将一部分振动能转化为热能。压电阻尼材料结合了高分子材料的黏弹性和压电陶瓷的压电效应，利用多重能量转换机制，使材料的阻尼效果优异。

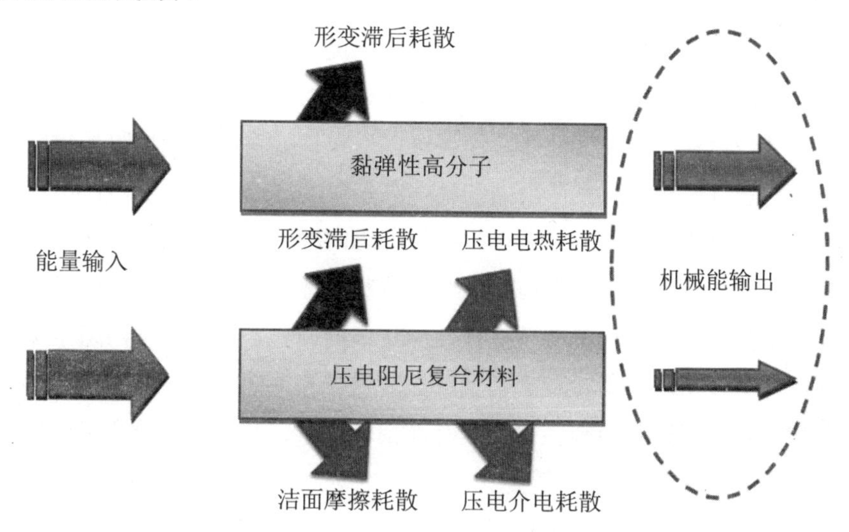

图 1-11 压电阻尼复合材料对外界机械能的多重能量耗散途径

1.5 本书研究的主要意义及内容

1.5.1 研究意义

随着现代经济的快速发展，器械设备日趋高速化和大功率化，在运行过程中将产生越来越多的振动和噪声。长时间暴露在振动和噪声环境中，会影响设备的使用性能，而且极易造成结构疲劳从而降低设备的使用寿命。振动和噪声会危害人类的生活、学习和健康状况，已经成为人类面临的重要的环境污染问题之一。此外，大量的振动和噪声还会影响军事装备的正常工作，对国防安全造成一定的威胁。如何解决振动和噪声问题已经成为人类必须面对和亟待解决的世界性难题之一。

阻尼材料可以吸收外界振动和噪声等机械能并将其转化为热能而耗散掉，高分子聚合物由于其良好的黏弹性是目前应用最广泛的阻尼材料。单一聚合物材料的阻尼温域通常限制在 $T_g \pm (10 \sim 15)$ °C，远远无法满足实际应用需求。目前，虽然通过填充、共混或嵌段、接枝共聚，以及生成互穿聚合物网络等方法可以在较大范围内调节材料的结构和成分，以获得高损耗因子、宽阻尼温域的高阻尼材料，但是仍然存在许多问题，如复合材料机械性能普遍不高，阻尼温域的拓宽往往导致损耗因子峰值下降，以及其仍然在很大程度上受温度和频率的限制等。

压电阻尼复合材料是目前研究较为广泛的一种智能型阻尼材料，通过外界机械能－电能－热能的压电阻尼耗能机制，可以提高复合材料的损耗因子、拓宽使用温域，并且在一定程度上减少其对温度和频率的依赖。此外，填料的加入也有利于提高聚合物基体的机械性能，使其可以用作性能良好的结构阻尼材料。目前压电阻尼复合材料普遍存在使用高能耗、高污染的含铅压电陶瓷、压电和导电相体积含量高、制备过程复杂等缺点。针对上述问题，本书采用具有三维网络结构的压电导电相，使用一步真空辅助填充方法制备环氧树脂或硅橡胶基压电阻尼复合材料，并且针对 IPN 材料普遍机械性能较低的问题，采用三维网络结构的石墨烯气凝胶为增强相，使用一步真空辅助填充方法来制备石墨烯增强的聚氨酯 / 环氧树脂 IPN 材料，以期望制备得到具有高损耗因子、宽阻尼温域和良好机械性能的工程结构阻尼材料。

1.5.2 研究内容

本书采用三维网络结构的压电导电相或者具有三维网络结构的石墨烯气凝胶为增强相，采用一步真空辅助填充方法制备压电阻尼或填料增强的 IPN 复合材料，具体工作如下。

（1）通过原位聚合法制备 PZT@PPy 气凝胶，随后采用真空辅助填充方法向气凝胶中灌注环氧树脂制备得到 PZT@PPy 气凝胶 /EP（PPAE）复合材料，制备过程简单，气凝胶的三维网络结构在有效保证压电导电相在复合材料内均匀分布的同时，也有利于提高环氧树脂基体的机械性能，并可以提供丰富的填料－填料和填料－基体摩擦界面，以获得阻尼性能良好的结构阻尼材料。

（2）采用低温水热法合成 $ZnSnO_3$ 无铅压电陶瓷，取代通常使用的高能耗、高污染的含铅压电陶瓷。以三维网络结构的 ($ZnSnO_3$/PVDF)@PPy 纳米纤维膜为压电导电相，采用真空辅助方法填充环氧树脂基体制备得到 ($ZnSnO_3$/PVDF)@PPy 纳米纤维 /EP（ZPPE）压电阻尼复合材料。纤维膜的三维网络织物结构可以增强复合材料的机械性能，并有效保证压电导电相在复合材料内的均匀分布，也可在材料内形成丰富的纤维－纤维和纤维－基体摩擦耗能，从而获得阻尼性能良好的结构阻尼材料。

（3）用三维网络结构的 PU/RGO 泡沫作为导电相，采用一步真空辅助填充方法制备 (PU/RGO)/PZT/PDMS(PGPP) 压电阻尼复合材料，制备过程简单，泡沫结构既可以有效保证石墨烯片在材料内的均匀分布，也使其以极少的用量就可以达到渗流阈值，使导电相用量大大降低，在降低经济成本的同时，也有利于保持PDMS基体的柔韧性。材料内部的压电阻尼效应和内部摩擦耗能可以帮助大大提高复合材料的阻尼性能，从而获得阻尼性能良好的表面包覆阻尼材料。

（4）用三维网络多孔结构的石墨烯气凝胶为添加相，采用一步真空辅助填充的方法制备石墨烯增强的聚氨酯/环氧树脂IPN复合材料（PEGA），制备过程简单，气凝胶的三维网络结构可以有效保证石墨烯片的均匀分布，以很少的添加量就可以达到复合材料的机械渗流阈值，从而可以大大提高其机械性能，获得高损耗因子、宽阻尼温域和良好机械性能的工程用结构阻尼材料。

第 2 章 PPAE 复合材料的制备及其阻尼隔音性能

2.1 引言

环氧树脂由于具有良好的化学稳定性、较小的固化收缩率、较强的附着力以及较高的力学性能被广泛应用于涂料、胶黏剂和结构材料等领域，是目前应用最广泛的聚合物材料之一。通常情况下环氧树脂具有较高的 T_g 值，其在室温下的大分子链处于冻结状态，无法产生有效耗能的相对摩擦运动，因此在室温下阻尼性能不佳，然而作为结构件使用的环氧树脂，其大部分工作环境为室温条件，因此提高环氧树脂在室温下的阻尼性能具有十分重要的意义。

通过向高分子材料中添加压电相和导电相，引入外界机械能 - 电能 - 热能的耗能机制，可以制备得到压电阻尼复合材料。为了保证产生的电流可以充分耗散，复合材料的体积电导率最好调整在 $1\times10^6\sim1\times10^8$ Ω·cm 的半导体范围内。在外界动态力作用下，复合材料会产生一定的形变，从而引起填料 - 填料和填料 - 基体之间的界面摩擦，也可以将一部分外界机械能转化为热能耗散掉。已有报道研究表明，可以通过向环氧树脂中添加填料的方式来提高其在室温下的阻尼性能。向环氧树脂中添加碳纳米管（CNTs），可以在材料内部形成大量的 CNTs - 基体界面，复合材料在外界动态力作用下产生形变时，由于“stick-slip”的界面摩擦作用机理，可以有效地将一部分外界机械能转化为热能，结果表明，在 CNTs 添加量为 5% 时，环氧基体在室温下的损耗因子值增加了约 700%。此外，向聚合物中添加无机填料，可以提高其模量和密度，从而可以有效阻隔掉外界噪声，使复合材料具有更好的阻尼及隔音性能。

在本章中，采用低成本、高压电系数的 PZT 压电陶瓷作为压电相，采用易制备、低成本、低密度、导电性能良好的聚吡咯（PPy）作为导电相，使用一步真空辅助填充法向 PZT@PPy 气凝胶中灌注环氧树脂（EP）基体制备得到 PZT@PPy 气

凝胶 /EP（PPAE）压电阻尼复合材料。气凝胶的三维网络结构可以保证压电相和导电相在高分子基体中均匀分布，从而保证压电阻尼作用的有效发挥，并可产生丰富的填料 - 填料和填料 - 基体界面摩擦，从而制备一种新型的阻尼性能良好的压电阻尼复合材料。本章系统研究了不同质量分数 PZT 的 PPAE 复合材料的形貌、结构、阻尼和隔音性能，并对其耗能机制进行了详细讨论。

2.2　实验部分

2.2.1　主要化学试剂

本章实验所用化学试剂和原料列于表 2-1，所有化学试剂都是直接使用未进行任何处理的。

表 2-1　实验化学试剂和原料

名称及缩写	规格或型号	生产商
吡咯 (Py)	AR，≥ 99%	国药集团化学试剂有限公司
六水合三氯化铁 ($FeCl_3·6H_2O$)	AR，≥ 99%	上海麦克林生化科技有限公司
丙酮 (CH_3COCH_3)	AR，≥ 99.5%	国药集团化学试剂有限公司
4，4′- 二氨基二苯甲烷 (DDM)	AR，≥ 97%	上海麦克林生化科技有限公司
乙醇 (C_2H_5OH)	AR，≥ 99.7%	国药集团化学试剂有限公司
环氧树脂 E51 型 (EP)	环氧值：0.51 ~ 0.54 eq/100g；黏度（25 ℃）：12 ~ 14 Pa·s	上海树脂厂有限公司
锆钛酸铅 (PZT)	压电系数 d_{33} ≈ 650 pC/N	淄博百灵电子有限公司
去离子水 (DI H_2O)	R > 17 MΩ	超纯水机生产

2.2.2　PZT@PPy 气凝胶的制备

PZT@PPy 气凝胶（PPA）的制备过程如图 2-1 所示。以 PPA-25 气凝胶的制备过程为例，首先，将 0.67 g 吡咯单体加入 6 mL 乙醇溶液中，并在冰浴条件下搅拌使其混合均匀，随后加入 0.17 g PZT 粉末并剧烈搅拌 30 min，使 PZT 粉末与吡咯单体混合均匀，得到混合物 A。将 6.2 g $FeCl_3·6H_2O$ 加入 6 mL 去离子水中搅拌至完全溶解得到混合物 B。在冰浴条件下，将混合物 B 倒入混合物 A 中并快速搅拌大约 10 min 得到黑色水凝胶，将该水凝胶在室温条件下静置 24 h 使吡咯单体进一步完成聚合反应。随后将该 PZT@PPy 水凝胶用去离子水和乙醇分别洗涤 3 次以去除未反应的杂质，并置于 50 ℃ 真空烘箱中加热 12 h 去除乙醇和水分得到 PPA-25 气凝胶。采用上述制备方法，所用 PZT 质量分别为 0 g、0.34 g、0.50 g 和 0.67 g（PZT 与聚吡咯 PPy 的质量比分别为 0%、50%、75% 和 100%），就可以分别制备得到气凝胶 PPA-0、PPA-50、PPA-75 和 PPA-100。

2.2.3 PPAE 复合材料的制备

PZT@PPy 气凝胶 /EP(PPAE) 复合材料的制备过程如图 2-1 所示。

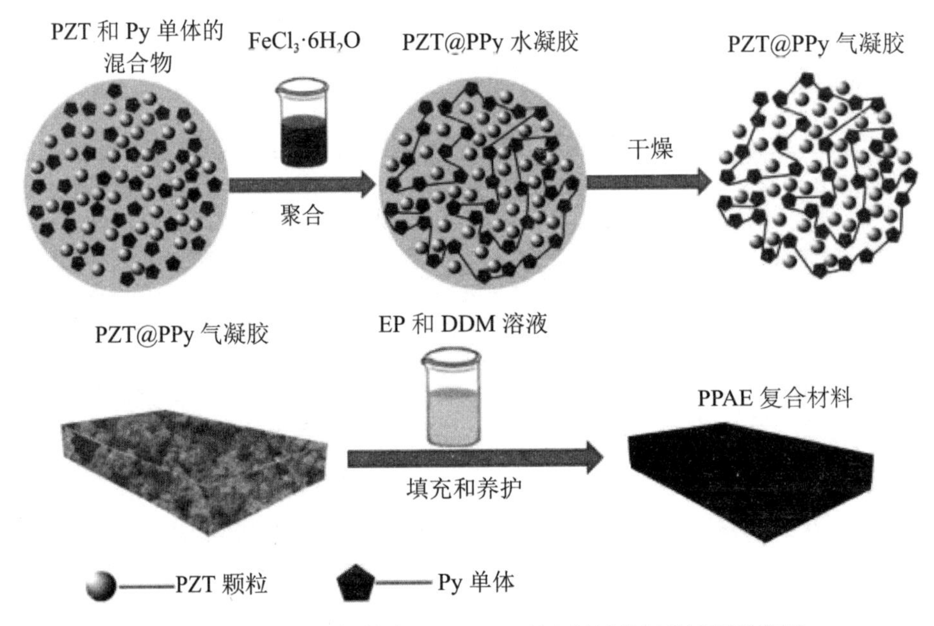

图 2-1　PZT@PPy 气凝胶 /EP(PPAE) 复合材料的制备过程示意图

首先将环氧树脂 E51 放于 70 ℃ 的烘箱中预热 30 min，以降低树脂黏度便于后续称量。将所需用量的固化剂 DDM 加入一定量的丙酮中，并放置于 70 ℃ 的烘箱中加热至 DDM 完全溶解得到黄褐色澄清溶液。称取一定质量的环氧树脂 E51 并用丙酮溶剂稀释以进一步降低其黏度，随后加入上述 DDM 的丙酮溶液，搅拌 10 min 得到环氧树脂 E51 和固化剂 DDM 的混合溶液 C。随后将溶液 C 逐滴加入上述制备的 PZT@PPy 气凝胶中，并置于真空环境下去除复合材料中的丙酮溶剂和气泡。将上述步骤重复多次，直至 PZT@PPy 气凝胶被混合溶液 C 填充至饱和。最后将该复合材料置于 80 ℃ 2 h +120 ℃ 2 h + 160 ℃ 2 h 固化完全制备得到 PZT@PPy 气凝胶 /EP(PPAE) 复合材料。具有不同 PZT 质量分数的 PPAE 复合材料分别命名为 PPAE-0、PPAE-25、PPAE-50、PPAE-75 和 PPAE-100。实验中所用环氧树脂 E51 和固化剂 DDM 的质量比为 4 : 1。

2.2.4　样品表征

采用型号为 Rigaku D/MAX255 的 X 射线衍射仪（XRD）表征样品的结构，测试条件为 Cu 靶 Kα 射线，扫描电压为 35 kV，电流为 200 mA，扫描速度为 5 °/min，扫描范围为 20° ~ 70°。采用型号为 FEI Sirion 200 的场发射扫描电镜（SEM）观察样品的形貌，并用配备的 Oxford 波谱仪测 EDS 图谱，样品表面溅射 Pt 薄层用于传导表面电子。采用型号为 Kratos AXIS ULTRA DLD 的 X 射线光电子能谱仪（XPS）测定样品中的元素组成及价态。采用型号为 Auto sorb IQ 的设备进行 N_2 吸附 - 脱附测试来测定样品的比表面积和孔径分布，比表面积采用 Brunauer-Emmett-Teller（BET）法计算。采用型号为 ZC-36 型的高阻计测量样品的体积电阻率，生产厂家为上海第六电表厂。

动态机械性能测试所用设备型号为 Perkin-Elmer DMA 8000，采用三点弯曲模式，测试样品尺寸大小为 30 mm × 8 mm × 2 mm，测试频率为 1 Hz，测试温度范围为 0 ~ 160 ℃，升温速率为 5 ℃/min，可以由测试结果得到复合材料的储能模量（E'）、损耗模量（E''）和损耗因子（$\tan\delta$）值，所用设备照片如图 2-2 所示。

图 2-2　所使用的动态机械性能测试仪照片

采用驻波管法测量样品的隔声量，驻波管法测量试件的隔声量测量准确，所需样品试件小，便于操作，测量装置如图 2-3 所示，将试件安装到图 2-3 中的驻波管（SW422 型）内，动态信号采集仪 NI-USB4231 输出扫频信号给功率放大器（PA50 型），功放驱动扬声器发声，在管内形成平面波。驻波管上的四个 1/4 英寸传声器（MPA416 型）采集声压信号，经 USB4231 记录数据到电脑进行数据分析，计算传声损失，所用设备生产厂家为北京声望声电技术有限公司，测试样品的直径为 60 mm，厚度为 4 mm，测试频率为 250 ~ 3 000 Hz，每组实验重复三次以获得平均声学性能。

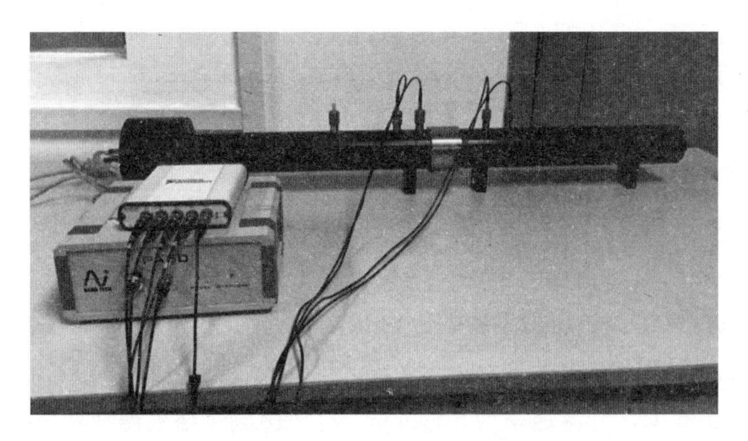

图 2-3　所使用的用于隔音性能测量的阻抗管照片

2.3　实验结果与讨论

2.3.1　结构与形貌分析

图 2-4（a）和（b）为实验所用 PZT 压电陶瓷粉末的场发射扫描电镜（SEM）图，可以观察到所用 PZT 粉末粒径分布均匀，颗粒尺寸在 2 ~ 10 μm 范围内。图 2-4（c）为 PZT 压电陶瓷粉末的 X 射线衍射（XRD）图，衍射峰（2θ）为 21.96°、31.06°、38.34°、44.72°、49.9°、50.22° 和 55.4° 分别对应于（100）晶面、（101）晶面、（111）晶面、（200）晶面、（102）晶面、（201）晶面和（211）晶面，表明所用 PZT 粉末为尺寸均匀的多晶钙钛矿结构的压电陶瓷。

图 2-5（a）和（b）为所制备的 PPy 气凝胶的 SEM 图，可以看到 PPy 气凝胶为三维网络多孔结构，孔径大小为几微米到几十微米。PPy 气凝胶的骨架由聚合完全的聚吡咯 PPy 纳米颗粒组装而成，颗粒之间依靠聚吡咯环之间的 π-π 络合相互作用堆叠在一起。图 2-5（c）及（d）和图 2-6 为具有不同 PZT 压电陶瓷质量分数的 PZT@PPy 气凝胶的 SEM 图，从图中可以看到 PZT@PPy 气凝胶保留

了三维网络多孔结构，孔径大小为几到几十微米，网络骨架由 PZT 压电陶瓷颗粒和 PPy 聚合物纳米颗粒组成，且压电相 PZT 和导电相 PPy 均匀分布在骨架中。

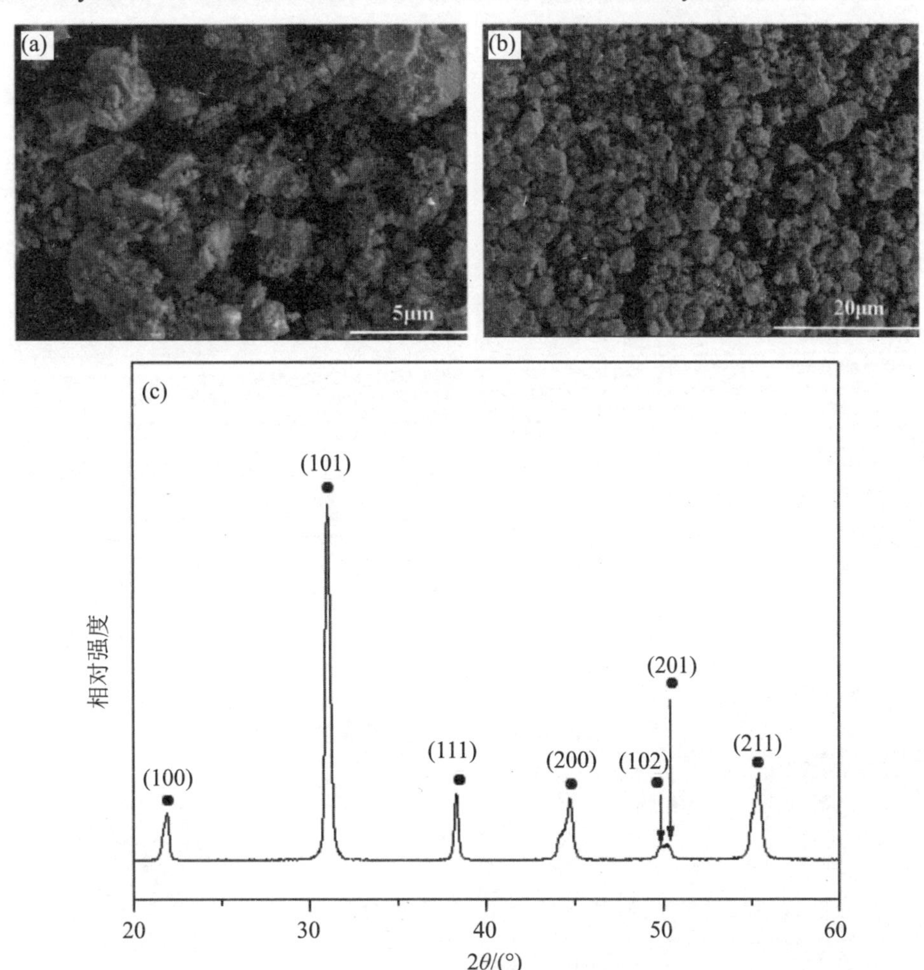

图 2-4　PZT 压电陶瓷粉末的（a）和（b）SEM 图及（c）XRD 图

除此以外，由图 2-5（c）和图 2-6（e）可以看到随着 PZT 压电陶瓷粉末质量分数的增加，PZT 陶瓷颗粒逐渐成为网络骨架的主要组成相，并且 PZT 压电陶瓷颗粒表面几乎被连续分布的 PPy 纳米颗粒所覆盖［图 2-6（g）］，这有利于复合材料内的 PZT 压电陶瓷颗粒通过自身的压电效应将外部机械能转化为电能，随后产生的电流流经 PPy 导电网络转化为热能而耗散掉。图 2-5（f）为所制备的 PZT@PPy 水凝胶和气凝胶的照片，实验结果表明，调变制备水凝胶时所用容器的形状和大小，可以根据实际应用需要制备出不同形状和尺寸的 PZT@PPy 气凝胶。

图 2-5　(a) 和 (b) PPy 气凝胶；(c) 和 (d) 质量分数为 75 % PZT@PPy 气凝胶 (PPA-75)；(e) 质量分数为 75 % PZT@PPy 气凝胶 /EP (PPAE-75) 复合材料的 SEM 图；(f) PZT@PPy 水凝胶和气凝胶的照片图

图 2-7 为所制备的 PZT@PPy 气凝胶的 EDS 元素（C、N、O、Zr、Ti、Pb）分布图，其中 C 元素和 N 元素来源于 PPy 聚合物颗粒，O、Zr、Ti 和 Pb 元素来源于 PZT 压电陶瓷粉末，从图中可以看出 PZT@PPy 气凝胶中 PZT 压电陶瓷粉末和 PPy 纳米颗粒两相共存，且进一步证明 PZT 陶瓷粉末均匀地分布于复合气

凝胶中，这有利于复合材料压电阻尼效应的发挥。采用真空辅助填充的方法向 PZT@PPy 气凝胶中灌注环氧树脂 E51 制备得到 PZT@PPy 气凝胶 /EP 复合材料，如图 2-5（e）所示，在填充过程中，PZT@PPy 气凝胶的三维网络结构未被破坏，这样既可以很好地保证 PZT@PPy 气凝胶 /EP 复合材料中压电相 PZT 陶瓷颗粒和导电相 PPy 纳米颗粒的均匀分布，也可以在复合材料内部形成丰富的填料 - 填料和填料 - 基体之间的界面，保证压电阻尼效应和界面摩擦耗能作用的有效发生。

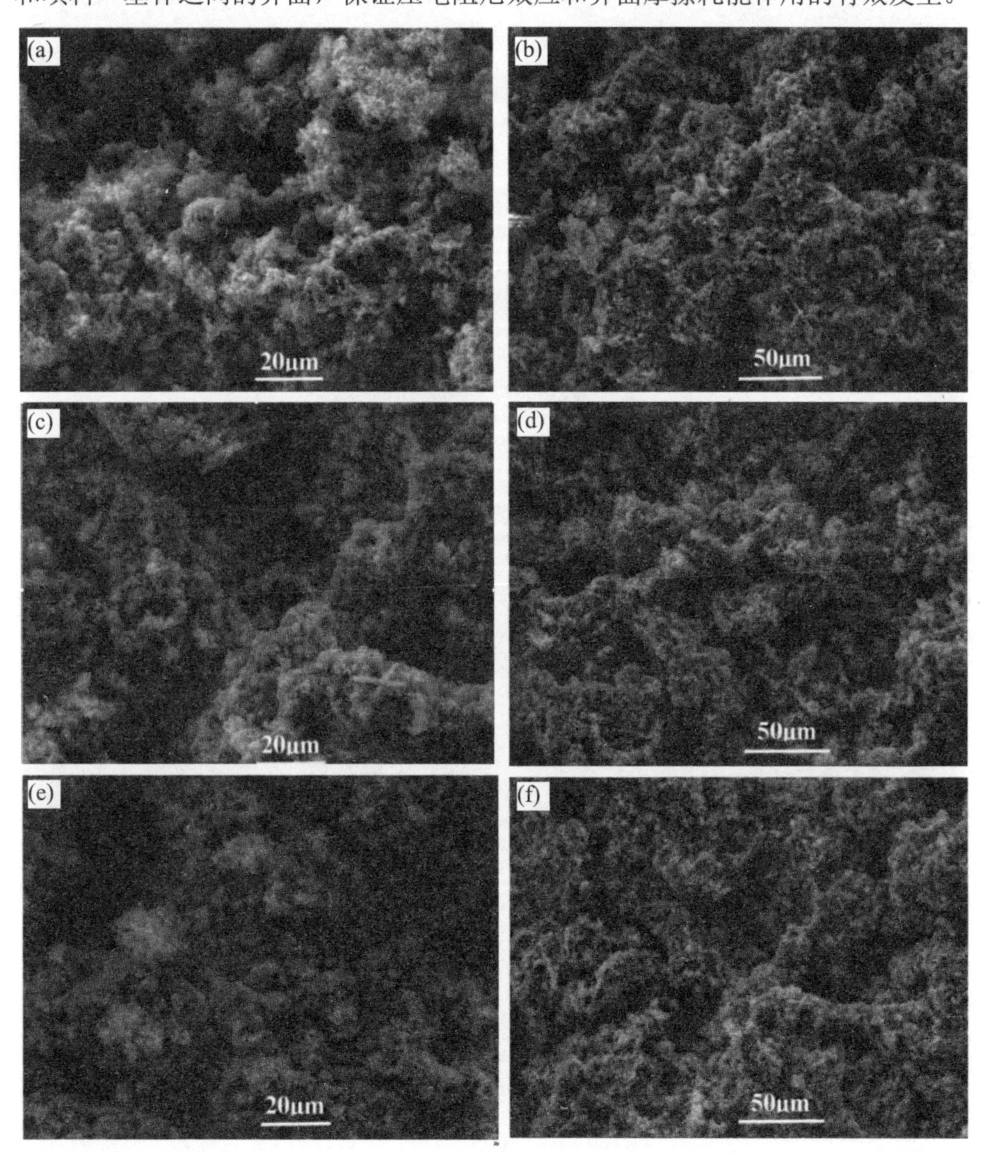

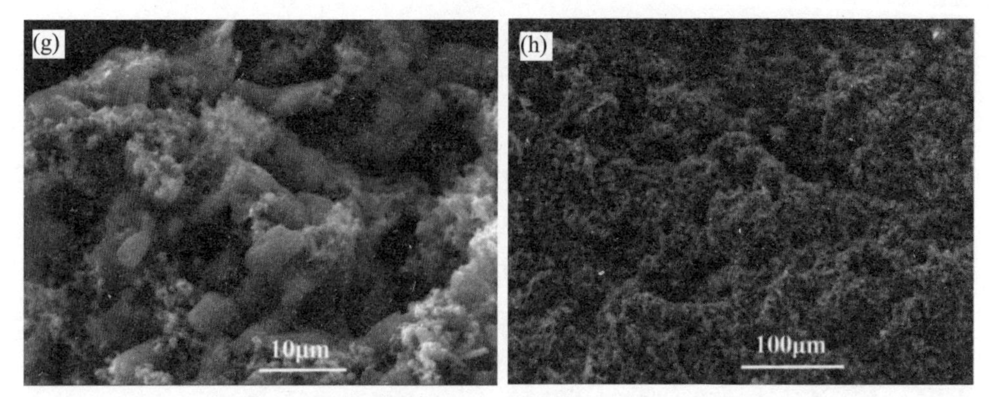

图 2-6　具有不同 PZT 压电陶瓷质量分数的 PZT@PPy 气凝胶的 SEM 图

（a）和（b）质量分数为 25%；（c）和（d）质量分数为 50%；

（e）和（f）质量分数为 100%；（g）和（h）质量分数为 75%

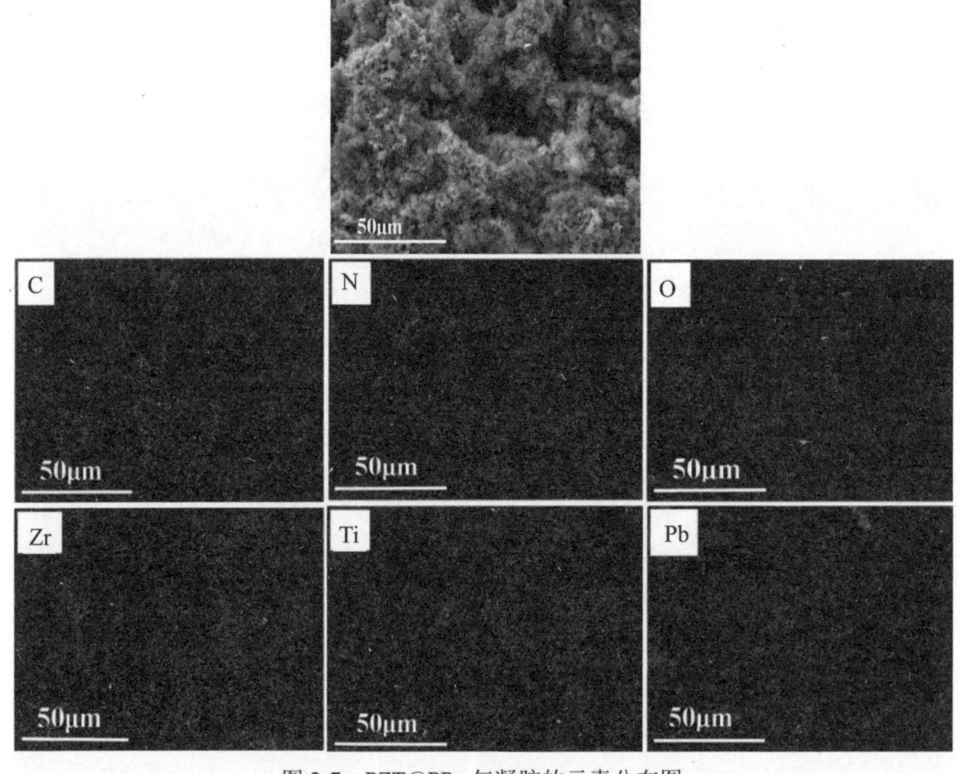

图 2-7　PZT@PPy 气凝胶的元素分布图

图 2-8 为 PZT 压电陶瓷的质量分数为 75% 的 PZT@PPy 气凝胶的 N_2 吸附－脱附等温线和相应的 DFT 孔径分布图，从图中可以看到 PZT@PPy 复合气凝胶

的 N_2 吸附－脱附等温线为Ⅱ型滞后回路，表明气凝胶内孔径为具有较宽孔径分布的介孔体系。

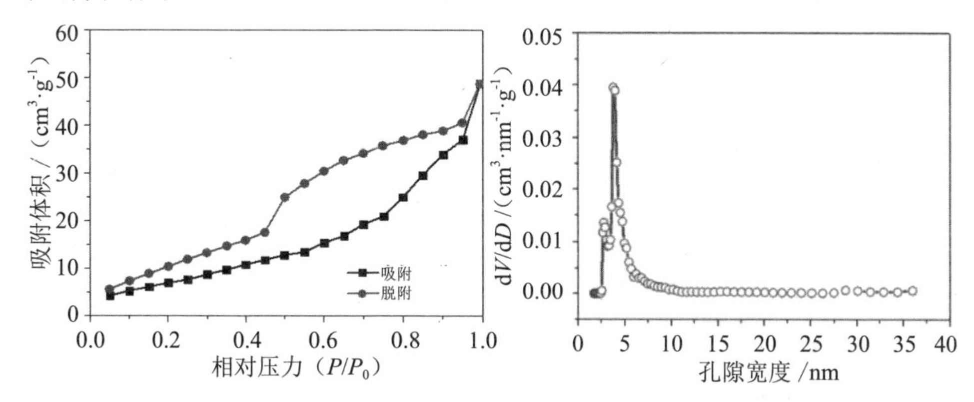

图 2-8　PZT 质量分数为 75% 的 PZT@PPy 气凝胶的 N_2 吸附－脱附等温线以及孔径分布图

图2-9为具有其他PZT压电陶瓷质量分数(0%、25%、50%和100%)的 N_2 吸附－脱附等温线和相应的 DFT 孔径分布图，不同 PZT 质量分数的复合气凝胶的实验结果数据列于表 2-2。

表 2-2　具有不同 PZT 压电陶瓷质量分数的 PZT@PPy 气凝胶的 N_2 吸附－脱附测试结果

样品	BET 比表面积 /($m^2 \cdot g^{-1}$)	DFT 吸附平均孔径 /nm	DFT 吸附累计孔容 /（$cm^3 \cdot g^{-1}$）
PPA-0	32.100	4.5	0.102
PPA-25	29.965	3.7	0.090
PPA-50	29.961	3.7	0.088
PPA-75	28.314	3.7	0.063
PPA-100	12.663	2.6	0.045

由图 2-9 可以看出，随着 PZT 质量分数的增加，PZT@PPy 复合气凝胶的孔结构并未发生较大变化，均为Ⅱ型滞后回路，但是 PZT@PPy 复合气凝胶的比表面积和孔容逐渐减小，PPA-0、PPA-25、PPA-50、PPA-75 和 PPA-100 的比表面积分别为 32.100 m^2/g、29.965 m^2/g、29.961 m^2/g、28.314 m^2/g 和 12.663 m^2/g，孔容分别为 0.102 cm^3/g、0.090 cm^3/g、0.088 cm^3/g、0.063 cm^3/g 和 0.045 cm^3/g。这种现象可能是由随着 PZT 压电陶瓷质量分数的增加，PZT@PPy 复合气凝胶中更多的孔隙和通道被堵塞所致的。DFT 分析结果表明，当 PZT 压电陶瓷的质量分数为 0 时，PPy 气凝胶的平均孔径大小约为 4.5 nm，该介孔是通过 PPy 纳米颗粒的堆积而形成的，当 PZT 的质量分数增加至 100% 时，PPA-100 气凝胶的平均孔径

为 2.6 nm，从而进一步证明 PZT 质量分数的增加会堵塞气凝胶孔道，导致其比表面积、孔容和孔径都减小。

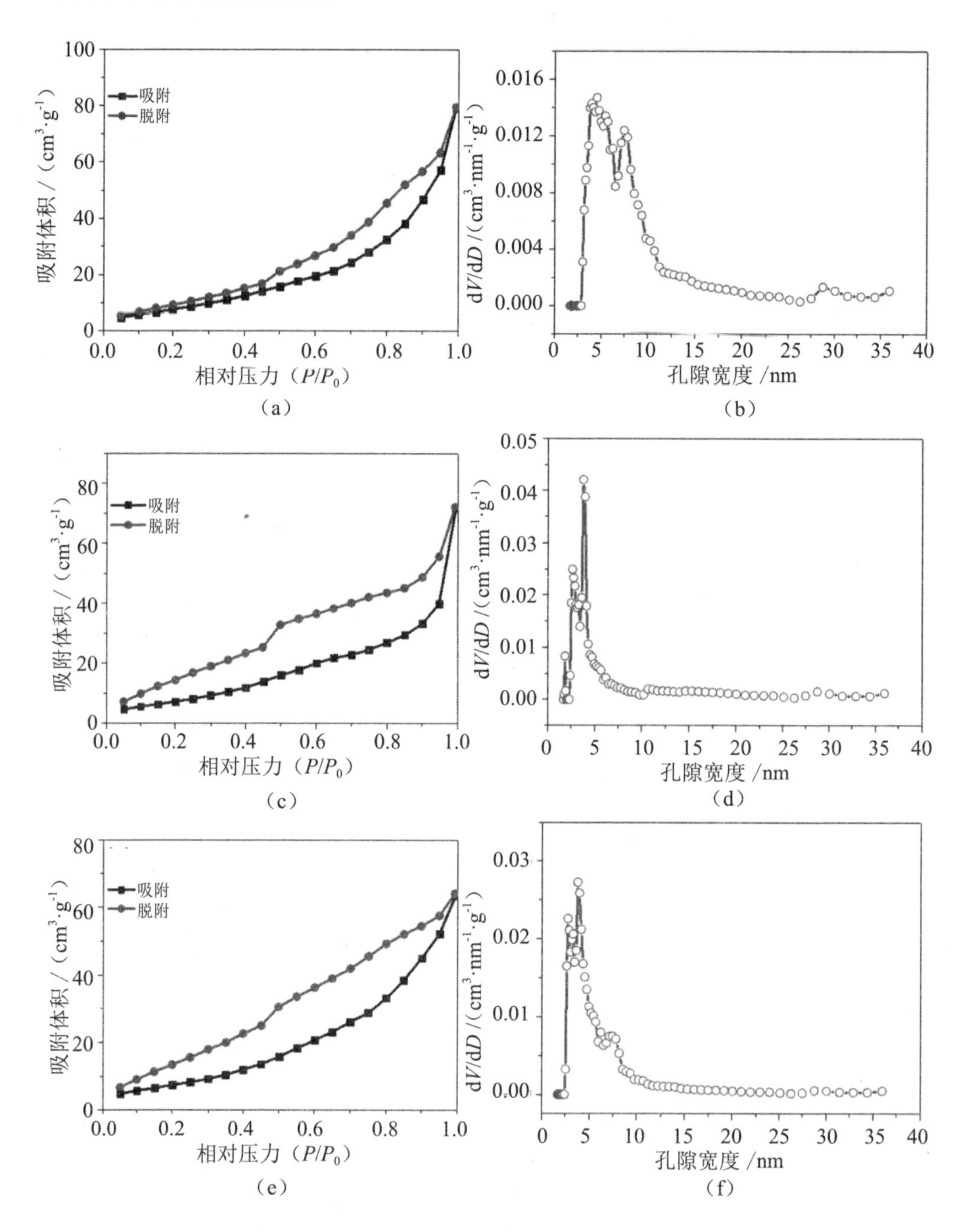

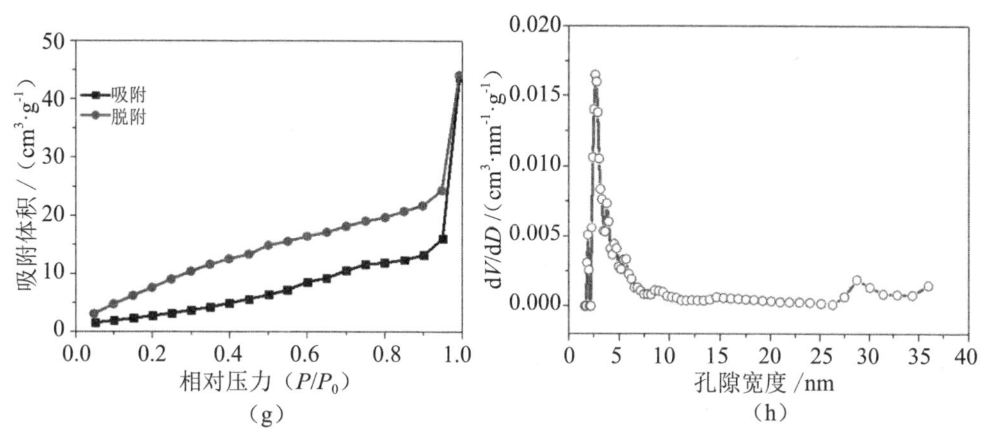

图 2-9　具有不同 PZT 压电陶瓷质量分数的 PZT@PPy 气凝胶的 N_2 吸附－脱附等温线和孔径分布图

（a）和（b）0%；（c）和（d）25%；（e）和（f）50%；（g）和（h）100%

图 2-10（a）为 PZT@PPy 气凝胶的 X 射线光电子能谱（XPS）图，其中结合能为 284.77 eV 和 400.02 eV 的 XPS 峰分别归属于聚吡咯 PPy 的 C1s 和 N1s，另外，O1s、Zr3d、Ti2p 和 Pb4f 的 XPS 峰来自 PZT 压电陶瓷。从图 2-10（b）可以看到，C1s 峰可分为结合能为 288.93 eV 和 284.83 eV 的两个高斯峰，分别归属于 C—N 和 C = C 键。从图 2-10（c）可以看到，N1s 峰可分为结合能为 398.48 eV、399.98 eV 和 401.63 eV 的 3 个高斯峰，分别为 PPy 纳米颗粒中的中性亚胺类结构（—C = N—）、中性胺类结构（—N—H—）和带正电的氮原子（—NH^+—），该结果与其他报道相似，证明本实验成功制备了导电高分子聚吡咯 PPy。此外，与 198.08 eV 结合能相对应的 XPS 峰属于 Cl 元素，说明气凝胶内残留有一定量的氧化剂氯化铁。上述实验结果表明成功制备得到 PZT@PPy 气凝胶。图 2-10（d）为 PPy 气凝胶和具有不同 PZT 压电陶瓷质量分数的 PZT@PPy 气凝胶的 XRD 谱图。PPy 的 XRD 谱图在 22.16° 附近呈现一个宽峰，说明 PPy 聚合物为无定形结构。PZT@PPy 气凝胶的 XRD 谱图结果显示其具有 PPy 聚合物和 PZT 压电陶瓷的主要峰位，并且一些 PZT 压电陶瓷的峰位随着 PZT 质量分数的增加而逐渐增强，证明气凝胶中 PPy 导电聚合物和 PZT 压电陶瓷两相共存；同时表明，PZT 压电陶瓷在复合气凝胶的制备过程中其钙钛矿结构未被破坏。

具有不同 PZT 压电陶瓷质量分数的 PZT@PPy 气凝胶 /EP（PPAE）复合材料的体积电阻率如图 2-11 所示。从图中可以看到，PPAE-0、PPAE-25、PPAE-50、PPAE-75 和 PPAE-100 复合材料的体积电阻率值分别为 130.9 MΩ·cm、61.5 MΩ·cm、31.1 MΩ·cm、19.2 MΩ·cm 和 10.9 MΩ·cm，其数值均在半导体

范围内，这有利于外界机械能－电能－热能的压电阻尼效应的充分发挥。

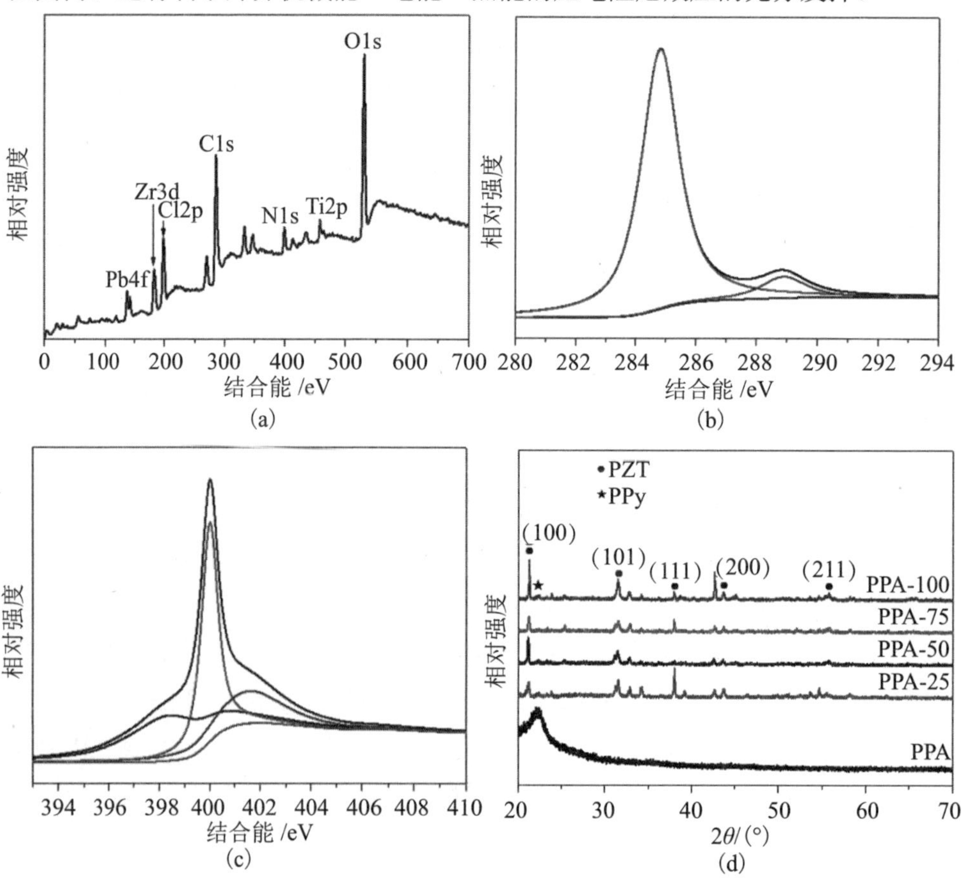

图 2-10　PZT@PPy 气凝胶的谱图及 XRD 图

（a）XPS 全谱；（b）PZT@PPy 气凝胶的 C1s 的 XPS 谱图；（c）PZT@PPy 气凝胶的 N1s 的 XPS 谱图；（d）PPy 气凝胶和具有不同 PZT 压电陶瓷质量分数的 PZT@PPy 气凝胶的 XRD 图

2.3.2　PPAE 复合材料的动态机械性能

环氧树脂基体和具有不同 PZT 压电陶瓷含量的 PZT@PPy 气凝胶 /EP（PPAE）复合材料的阻尼性能由动态机械分析仪（DMA）测量并同时记录其储能模量（E'）、损耗模量（E''）和损耗因子（tanδ）值，实验结果列于表 2-3。

图 2-12（a）为环氧树脂基体和具有不同 PZT 压电陶瓷质量分数的 PPAE 复合材料的 E' 值随温度变化曲线。储能模量是评估材料的承受载荷能力的重要参数，高的 E' 值表明材料具有较高的刚度。如表 2-3 所示，环氧树脂基体（EP），PPAE-0、PPAE-25、PPAE-50、PPAE-75 和 PPAE-100 复合材料在 20 ℃ 的储能模量值分别为 3 215.2 MPa、3 322.5 MPa、3 516.6 MPa、3 696.0 MPa、3 584.9 MPa

和 2 522.3 MPa，除了 PPAE-100 复合材料的储能模量比环氧树脂基体略低以外，其他 PPAE 复合材料在室温下的 E' 值均高于环氧树脂基体的。对于 PZT 压电陶瓷的质量分数低于 100% 的 PPAE 复合材料，其具有较高的 E' 值可归因如下：一方面，PZT 压电陶瓷颗粒或 PPy 聚合物颗粒表面上的官能团，如羟基或氨基，可在高温固化过程中与环氧树脂单体反应，使填料与基体间形成化学键，从而在填料和聚合物基体之间形成较强的界面相互作用力；另一方面，高模量 PZT 压电陶瓷颗粒的添加也有利于提高 PPAE 复合材料的刚度。对于 PPAE-100 复合材料，当 PZT 压电陶瓷质量分数增加到 100% 时，如表 2-2 所示，PZT@PPy 气凝胶（PPA-100）的比表面积、孔容和孔径明显减小，这导致聚合物基体填充量大大减少，从而导致复合材料的刚度降低。

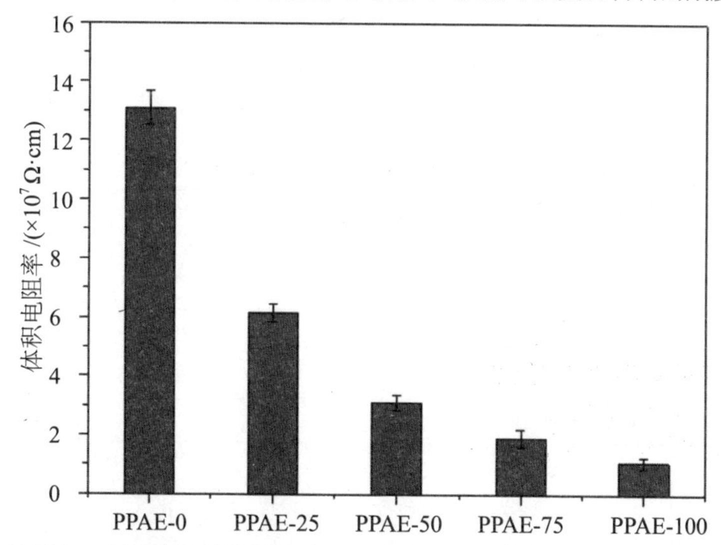

图 2-11　具有不同 PZT 压电陶瓷质量分数的 PZT@PPy 气凝胶 /EP 复合材料的压电系数 (d_{33}) 变化曲线

表 2-3　不同 PZT 压电陶瓷质量分数的 PPAE 复合材料在 20 ℃ 下的阻尼性能

样品	储能模量（E'）/MPa	损耗模量（E''）/MPa	损耗因子（$\tan\delta$）	T_g/℃	温度变化范围 (ΔT)/℃ $\tan\delta$>0.3
EP	3 215.2	79.8	0.025	124.3	109.9 ~ 139.7 (29.8)
PPAE-0	3 322.5	177.6	0.053	122.2	103.9 ~ 136.1 (32.2)
PPAE-25	3 516.6	261.8	0.074	132.0	118.9 ~ 141.3 (22.4)
PPAE-50	3 696.0	324.5	0.088	132.2	114.3 ~ 143.1 (28.8)
PPAE-75	3 584.9	413.9	0.115	133.9	115.8 ~ 152.4 (36.6)
PPAE-100	2 522.3	137.2	0.040	107.1	83.7 ~ 119.3 (35.6)

图 2-12（b）为环氧树脂基体和具有不同 PZT 压电陶瓷质量分数的 PPAE 复合材料的损耗模量值随温度变化曲线。损耗模量（E''）是材料在机械形变下每循

环单位所耗散能量的量度，用于表征材料的黏度。如表 2-3 所示，环氧树脂基体，PPAE-0、PPAE-25、PPAE-50、PPAE-75 和 PPAE-100 复合材料在 20 ℃ 的损耗模量值分别为 79.8 MPa、177.6 MPa、261.8 MPa、324.5 MPa、413.9 MPa 和 137.2 MPa。结果表明，所制备的 PPAE 复合材料具有比环氧树脂基体更高的 E'' 值，表明 PPAE 复合材料可以将更多的外界振动和噪声等机械能转化为热能耗散掉。

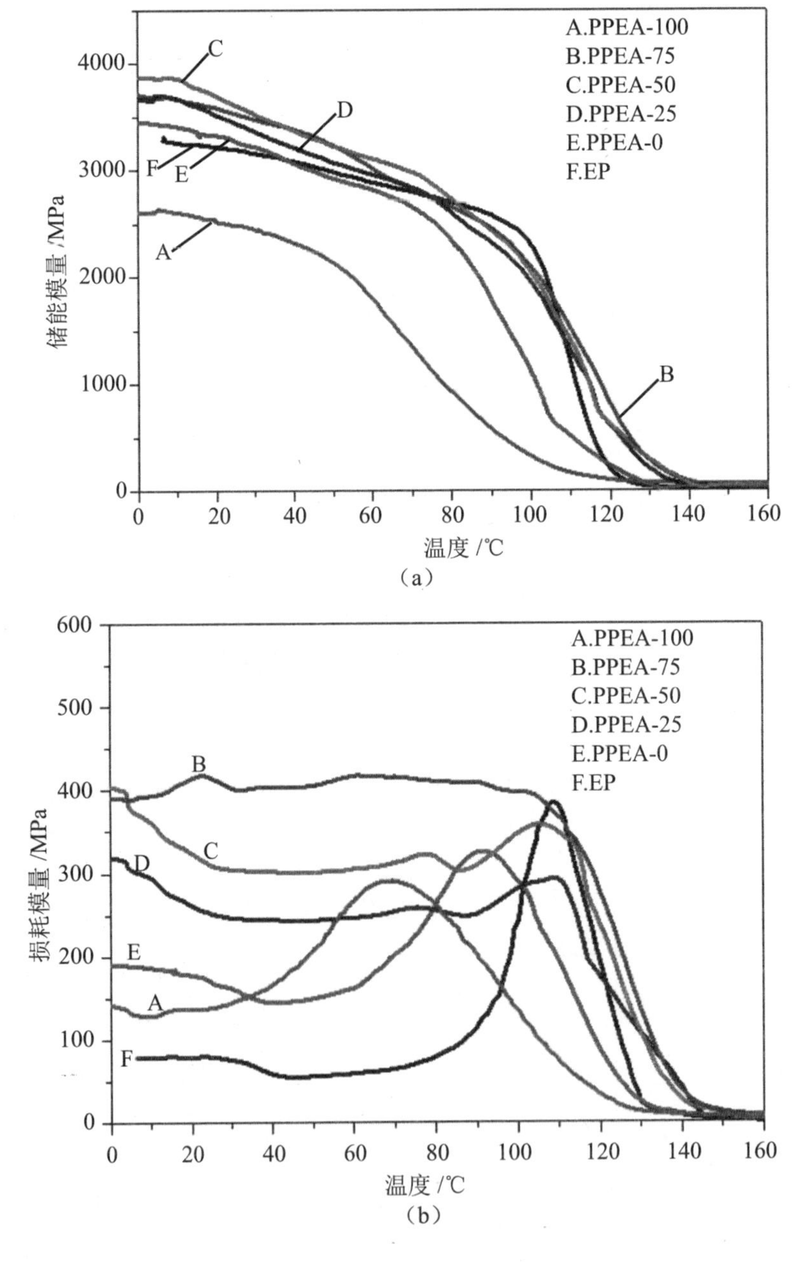

（a）

（b）

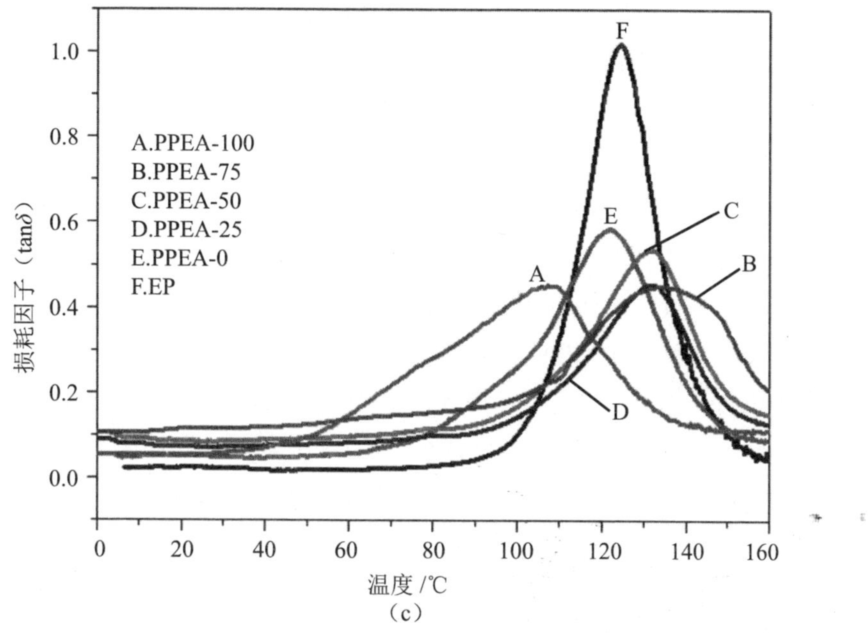

（c）

图 2-12　环氧树脂基体和 PPAE 复合材料在 1 Hz 下的情况

（a）储能模量；（b）损耗模量；（c）损耗因子随温度（0 ~ 160 ℃）变化曲线

此外，随着 PZT 压电陶瓷质量分数的增加，PPAE 复合材料的 E'' 值也相应提高，当 PZT 压电陶瓷的质量分数为 75% 时，PPAE-75 复合材料具有最大的损耗模量值。随着 PZT 压电陶瓷的质量分数继续增加至 100%，PPAE-100 复合材料的损耗模量值显著降低，但仍高于环氧树脂聚合物基体。复合材料 PPAE-75 具有最高的损耗模量值，其与环氧树脂基体相比，E'' 值提高约 418.7%。

损耗因子（tanδ）定义为损耗模量与储能模量的比值，高的 tanδ 值表明材料具有更好的能量耗散能力。通常情况下，大部分工程阻尼材料的使用环境接近室温，因此阻尼材料在室温条件下的 tanδ 值应尽可能高。图 2-12（c）为环氧树脂基体和具有不同 PZT 压电陶瓷质量分数的 PPAE 复合材料的 tanδ 值随温度变化曲线。如表 2-3 所示，环氧树脂基体，PPAE-0、PPAE-25、PPAE-50、PPAE-75 和 PPAE-100 复合材料在 20 ℃ 的损耗因子值分别为 0.025、0.053、0.074、0.088、0.115 和 0.040。结果表明，所制备的 PPAE 复合材料具有比环氧树脂基体更高的损耗因子值，并且其随着 PZT 压电陶瓷质量分数的增加而逐渐提高，当 PZT 压电陶瓷质量分数为 75% 时，PPAE-75 复合材料表现出最佳的阻尼性能，与环氧树脂聚合物基体相比，其损耗因子值大约提高了 360%，随着 PZT 压电陶瓷的质量分数进一步增加到 100%，PPAE-100 复合材料的 tanδ 值明显降低。

从图 2-12（c）可以看到，在 0 ~ 100 ℃ 的温度范围内，相比较环氧树脂基体，所有 PPAE 复合材料的损耗因子值都有了很大的提高，且在低于 T_g 的温度范围内，环氧树脂为玻璃态，高分子链处于冻结状态，因此 PPAE 复合材料阻尼性能的提高可归因于机械能 - 电能 - 热能的压电阻尼效应和填料 - 填料与填料 - 基体之间的内部摩擦耗能，当 PPAE 复合材料受到外部动态力作用时，复合材料产生一定的形变，此时一部分机械能通过 PZT 压电陶瓷的压电效应转化为电能，产生的电流在流经复合材料内部的 PPy 导电网络时转化为热能而耗散掉。此外，PPAE 复合材料是通过向 PZT@PPy 气凝胶中灌注环氧树脂基体制备而成的，因此复合材料内部填料与填料（PPy 聚合物颗粒和 PZT 压电陶瓷颗粒）之间和填料与基体之间有丰富的接触界面，由于边界滑动（填料 - 填料）和界面滑动（填料 - 基体）所产生的摩擦也可以将一部分外界机械能转化为热能耗散掉。与环氧树脂基体相比，不含 PZT 压电陶瓷的 PPAE-0 复合材料的阻尼性能较环氧树脂基体也有所提高，从而证明内部摩擦效应可以将一部分外界机械能转化为热能耗散掉。对于 PPAE-100 复合材料，虽然 PZT 压电陶瓷质量分数增加可以使压电阻尼耗能有所增加，然而如上所述，由于其 PZT@PPy 气凝胶的比表面积、孔容和孔径明显减小，导致其聚合物基体填充量大大减少，因此填料与基体之间的摩擦耗能大大降低，从而其整体阻尼性能较其他 PPAE 复合材料呈下降趋势。

如图 2-12（c）所示，在玻璃化转变区域，所有 PPAE 复合材料的损耗因子峰值强度均低于环氧树脂基体，这主要是因为虽然 PZT@PPy 气凝胶的引入可以增加 PPAE 复合材料在 T_g 附近的内部摩擦效应，从而有利于提高 PPAE 复合材料的阻尼性能，然而，大部分外界机械能主要通过在 T_g 附近的高黏度状态下聚合物基体大分子链之间的受阻运动摩擦耗散，对于 PPAE 复合材料来说，虽然 PZT@PPy 气凝胶的孔隙和通道都被环氧树脂聚合物填充，但 PZT@PPy 气凝胶依然占较大的质量分数，因此 PPAE 复合材料在玻璃化转变区附近通过聚合物基体的大分子链段摩擦耗能低于纯环氧树脂基体，从而导致其 T_g 附近损耗因子峰值降低。当温度升高到 T_g 以上时，聚合物的大分子链吸收足够的能量可以自由运动，材料的机械能耗散能力大大降低，损耗因子急剧下降。

如表 2-3 所示，PPAE 压电阻尼复合材料具有比环氧树脂基体更高的玻璃化转变温度，并且其 T_g 值随着 PZT 压电陶瓷质量分数的增加而升高，当 PZT 压电陶瓷的质量分数为 75% 时，PPAE-75 复合材料的 T_g 值达到最大，当 PZT 压电陶瓷的质量分数进一步增加至 100% 时，复合材料 PPAE-100 的 T_g 值大大降低。本章中采用材料能量耗散曲线（tanδ 曲线）峰值处的温度定义为 T_g 值，与其他报道相似。对于 PPAE 复合材料，可能影响其 T_g 值的因素如下：一方面，在环氧树脂基体中添加 PZT@PPy 气凝胶会降低环氧树脂基体的交联密度，从而导致复合材料玻璃化温度降低，这是由于填料的引入干扰了环氧树脂单体和固化剂之间的化学计量固化反应而导致的；另一方面，PZT 压电陶瓷或 PPy 聚合物颗粒填料表面上的羟基或氨基等官能团可在高温固化过程中与环氧树脂单体发生反应形成一定的化学键，从而限制聚合物高分子链在与气凝胶相界面接触处的流动性。此外，由于 PZT@PPy 复合气凝胶为三维网络多孔结构，使其具有更高的比表面积，从而可以提供更多的填料－环氧基体界面接触区，从而使 PPAE 复合材料的 T_g 值提高至较高的温度。如以前报道所述，PPAE 复合材料的玻璃化转变温度值最终取决于上述的影响固化反应降低 T_g 值和限制高分子链运动提高 T_g 值两个因素的平衡作用。对于 PPAE-100 复合材料来说，T_g 值更多受到环氧树脂交联度降低的影响，因此与聚合物基体相比，其玻璃化温度降低。对于其他 PPAE 压电阻尼复合材料，聚合物大分子链的流动性受到的限制作用更为明显，因此导致其 T_g 值比环氧树脂基体的 T_g 有所提高。

2.3.3　PPAE 复合材料的隔音性能

如图 2-13 所示，当声波到达复合材料表面时可以被吸收、反射或透射，这取决于材料的类型。材料的隔音性能通常用隔音量（Sound Transmission Loss，STL）来表征，材料的隔音性能受声波频率的影响较大，同一材料对不同频率声波的隔音性能差别很大。

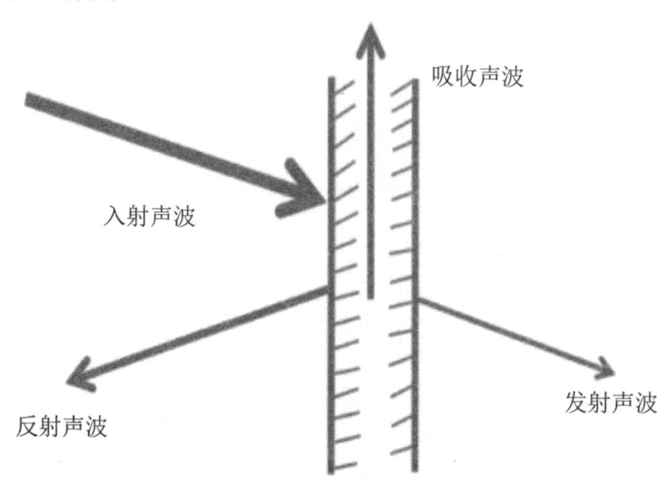

图 2-13　声波能到达复合材料表面的传播途径示意图

图 2-14（a）为采用驻波管法测得的环氧树脂基体和 PPAE 复合材料的隔音量随频率（250 ~ 3 000 Hz）变化曲线。实验结果表明，与环氧树脂基体相比，PPAE 复合材料在整个测试频率范围内具有更高的 STL 值。环氧树脂基体和 PPAE 复合材料的隔音量随频率的变化趋势相似，STL 值首先随着频率的增加而减小，在谐振频率处达到最小值，然后随着频率的增加而逐渐提高，由于 PZT 压电陶瓷和 PPy 聚合物颗粒的添加，PPAE 复合材料的 STL 曲线较环氧基体向高频方向移动。为了更好地比较材料的隔音性能，图 2-14（b）给出计算所得的样品的平均 STL 值，其中环氧树脂基体、PPAE-0、PPAE-25、PPAE-50、PPAE-75 和 PPAE-100 复合材料的平均隔音量分别为 24.57、33.12、35.39、36.86、36.20 和 31.61。结果表明，PPAE 复合材料隔音量随着 PZT 压电陶瓷质量分数的增加而提高，当 PZT 压电陶瓷质量分数上升至 100% 时，PPAE 的隔音量呈下降趋势。PPAE-50 和 PPAE-75 复合材料具有优异的隔音性能，与环氧树脂基体相比，分别提高了约 50.0% 和 47.3%。

一般来说，刚度是影响材料隔音性能的主要因素之一，较高的刚度有助于提高材料的隔音性能。以前的报道已经证明，在聚合物基体中添加纳米填料可以限制大分子链的运动，导致材料具有更高的弹性模量和刚度。如上所述，由于高模量 PZT 陶瓷颗粒的添加，除了 PPAE-100 复合材料外，其他 PZT 压电陶瓷质量分数的 PPAE 复合材料在室温下具有比环氧树脂基体更高的储能模量，因此导致其具有比环氧树脂基体更好的隔音性能。PPAE-100 较其他 PZT 质量分数的 PPAE 复合材料而言其隔音性能有较大下降，是因为如上所述，PPA-100 具有较小的比表面积、孔径和孔容，从而导致环氧基体填充量大大降低，使得 PPAE-100 复合材料与其他 PPAE 材料相比具有明显降低的密度和模量，因此其隔音量较其他 PZT 质量分数的 PPAE 复合材料更低。另外，声音是机械波，如以前研究所述，材料的声能耗散能力与材料的损耗模量和 tanδ 值有关，因此具有更高损耗模量和损耗因子值的 PPAE 复合材料与高分子基体相比，可以将更多的外界声波能转化为热能耗散掉。一些入射声波可以通过机械能 - 电能 - 热能的压电阻尼效应耗散掉，这在一定程度上有利于 PPAE 复合材料隔音性能的提高。另外，如其他研究所述，PPy 聚合物颗粒、PZT 压电陶瓷和聚合物基体之间的阻抗不匹配导致声波在界面处发生多次反射，延长声波在复合材料中的传播路径，这也可以有效地耗散一部分声能。综合考虑以上几方面，虽然与环氧树脂基体相比，PPAE-100 复合材料具有较低的刚度，但由于其具有更高的损耗因子、材料内部的压电阻尼效应以及丰富的界面，都有利于声能的耗散，从而使 PPAE-100 复合材料具有比环氧树脂基体更好的隔音性能。

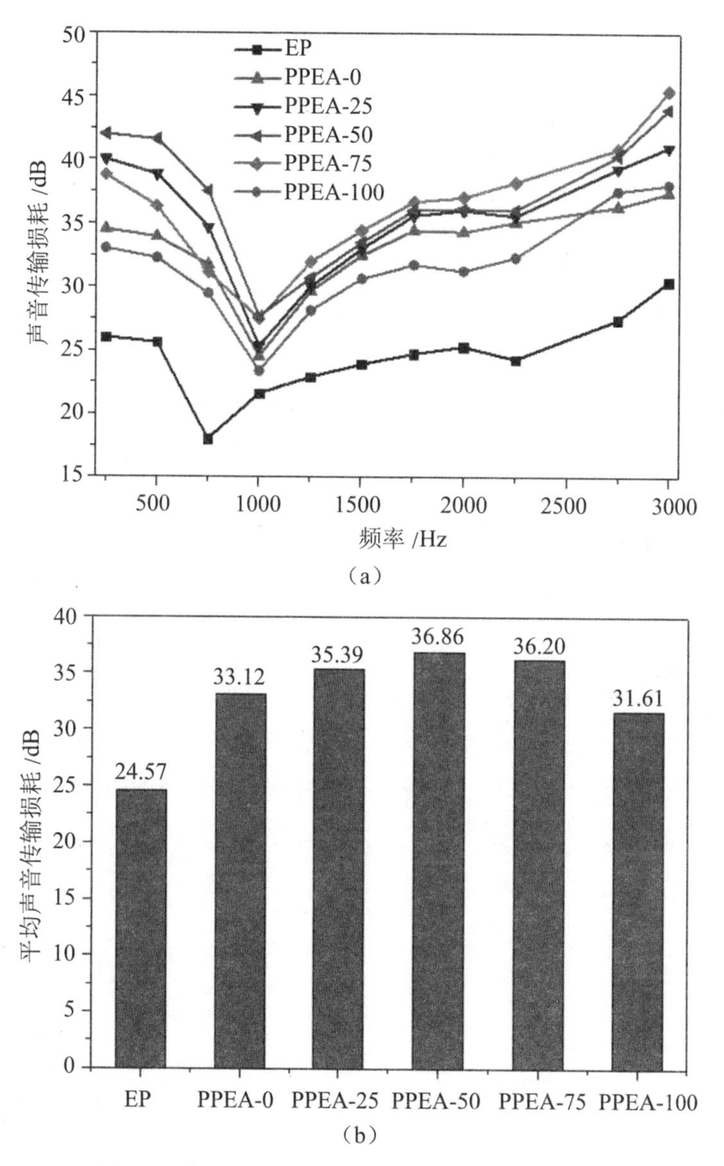

图 2-14　PZT@PPy 气凝胶 /EP 复合材料的性能曲线

（a）PZT@PPy 气凝胶 /EP 复合材料的隔音量随频率变化曲线图；

（b）PZT@PPy 气凝胶 /EP 复合材料的平均隔音量曲线

2.4 本章小结

（1）本章采用一步真空辅助填充法制备得到PPAE复合材料，制备过程简单，且保留了PZT@PPy气凝胶的三维网络结构，保证压电相和导电相在复合材料内的均匀分布，从而有利于压电阻尼效应的发挥。

（2）所添加PZT压电陶瓷具有较高的模量，且填料表面官能团与环氧单体在高温固化过程中发生反应形成化学键，从而形成较强的填料－基体界面结合力。当PZT的质量分数低于75%时，PPAE复合材料在室温下的储能模量（E'）值均高于环氧树脂基体，表明材料具有更好的刚度。

（3）PPAE-75复合材料的阻尼性能最佳，其损耗模量（E''）和损耗因子（$\tan\delta$）值相比较环氧树脂基体分别提高了约418.7%和360%，这可归因于压电阻尼（外界机械能－电能－热能）效应和内部摩擦（填料－填料以及填料－基体间的界面摩擦）耗能所致。

（4）复合材料PPAE-50和PPAE-75具有优异的隔音性能，与环氧树脂基体相比，隔音量分别提高了约50.0%和47.3%，这可归因于几个方面：首先，PPAE复合材料在室温下具有比环氧树脂基体更高的刚度；其次，声波是机械波，一些入射声波可以通过压电阻尼以及内部摩擦的路径耗散掉；最后，PPAE复合材料内PPy聚合物颗粒、PZT压电陶瓷和聚合物基体之间的阻抗不匹配导致声波在界面处发生多次反射，延长声波在复合材料中的传播路径，也可以有效地耗散一部分声能。结果表明，PPAE复合材料可以用于性能良好的阻尼和隔音结构件。

第 3 章　ZPPE 复合材料的制备及其阻尼和机械性能

3.1　引言

如前所述，环氧树脂由于其良好的化学稳定性、较小的固化收缩率、较强的附着力以及较高的力学性能被广泛应用于涂料、胶黏剂和结构材料等领域，是目前应用最广泛的聚合物材料之一，其在室温下阻尼性能不佳，然而作为结构材料使用时，其大部分的工作环境为室温条件，因此提高环氧树脂在室温下的阻尼性能具有十分重要的意义。目前压电阻尼材料应用较多的压电相为锆钛酸铅（PZT）、铌镁锆钛酸铅（PMN-PZT）等含铅压电陶瓷，原因是其具有很高的压电系数，且容易获得，但是含铅压电陶瓷在制备过程中容易挥发有毒物质氧化铅（PbO），制备过程复杂且能耗高，对环境造成一定的污染，因此本章使用压电性能良好的无铅压电陶瓷作为复合材料的压电相。

锡酸锌（$ZnSnO_3$）作为一种新型的无铅压电陶瓷，由于其具有优良的压电性能被广泛应用于纳米发电机等领域。$ZnSnO_3$ 晶体具有制备条件温和、密度低、自发极化等优点，相比较含铅压电陶瓷，不需要高温高能耗的制备过程以及后续为了获得压电性能而进行的高压极化过程，因此是一种环境友好型压电陶瓷。聚偏氟乙烯（PVDF）作为一种广泛使用的商用压电聚合物，具有良好的柔韧性和压电性能。通常情况下，PVDF 以 α、β、γ、δ 和 ε 五种晶相存在，其中聚合物的压电性能主要来自 β 相。本章采用静电纺丝技术制备的 $ZnSnO_3$/PVDF 纳米纤维膜作为压电相，纺丝过程中的高压极化以及机械拉伸过程可以帮助形成具有压电性能的 β 相 PVDF。

此外，研究表明向环氧树脂中添加碳纳米管（CNTs），可以在材料内部形成大量的 CNTs－基体界面，复合材料在外界动态力作用下产生形变时，由于“stick-slip”的界面摩擦作用机理，可以有效地将一部分外界机械能转化为热能。

采用纳米纤维膜作为压电相，可以提供丰富的纤维－纤维和纤维－基体界面，从而可以通过材料内部的摩擦作用将一部分外界机械能转化为热能耗散掉。不仅如此，$ZnSnO_3$/PVDF 纳米纤维膜由于具有三维纤维网状织物结构，还有利于增强复合材料的机械性能。

在本章中，使用 $ZnSnO_3$/PVDF 纳米纤维膜作为压电相，用原位聚合方法在纤维表面包覆一层聚吡咯（PPy）作为导电相，采用真空辅助方法向纳米纤维膜内填充环氧树脂（EP）基体制备得到 ($ZnSnO_3$/PVDF)@PPy 纳米纤维 /EP 复合材料。纳米纤维膜的三维网络结构可以保证压电相和导电相在高分子基体中的均匀分布，从而保证压电阻尼作用的有效发挥，并可产生纤维－纤维和纤维－基体界面摩擦，从而制备一种新型的阻尼性能良好的结构材料。本章系统研究了不同质量分数的 $ZnSnO_3$ 的 ZPPE 复合材料的形貌、结构、阻尼和机械性能，并对耗能机制进行了详细讨论。

3.2 实验部分

3.2.1 试剂与原料

本章实验所用化学试剂和原料列于表 3-1，所有化学试剂都是直接使用，未进行任何处理。

表 3-1 实验化学试剂和原料

名称及缩写	规格或型号	生产商
七水合硫酸锌 ($ZnSO_4·7H_2O$)	AR，≥ 99.5%	国药集团化学试剂有限公司
四水合锡酸钠 ($Na_2SnO_3·4H_2O$)	AR，≥ 98.0%	国药集团化学试剂有限公司
丙酮 (CH_3COCH_3)	AR，≥ 99.5%	国药集团化学试剂有限公司
N,N- 二甲基甲酰胺 (DMF)	AR，≥ 99.5%	国药集团化学试剂有限公司
吡咯单体 (Py)	AR，≥ 99%	国药集团化学试剂有限公司
六水合三氯化铁 ($FeCl_3·6H_2O$)	AR，≥ 99%	上海麦克林生化科技有限公司
4，4′- 二氨基二苯甲烷 (DDM)	AR，≥ 97%	上海麦克林生化科技有限公司
乙醇 (C_2H_5OH)	AR，≥ 99.7%	国药集团化学试剂有限公司
环氧树脂 E51 型 (EP)	环氧值：0.51 ~ 0.54 eq/100g；黏度（25 ℃）：12 ~14 Pa·s	上海树脂厂有限公司
聚偏氟乙烯 (PVDF-HFP)	Mw ～ 400 000，Mn ～ 130 000，密度：1.77 g/cm^3	Sigma-Aldrich（上海）贸易有限公司
去离子水 (DI H_2O)	R ＞ 17 MΩ	超纯水机生产

3.2.2　$ZnSnO_3$ 粉末的制备

采用水热法制备 $ZnSnO_3$ 晶体，制备过程如下：将 2.88 g（10 mmol）七水合硫酸锌（$ZnSO_4·7H_2O$）加入 100 mL 去离子水中，室温下搅拌至完全溶解，随后向上述溶液中加入 2.85 g（10 mmol）四水合锡酸钠（$Na_2SnO_3·4H_2O$），室温下搅拌 5 min 使混合均匀，混合溶液中 $ZnSO_4·7H_2O$ 与 $Na_2SnO_3·4H_2O$ 的物质的量比为 1∶1。随后将该混合溶液在 80 ℃下搅拌 5 h，反应完全后，离心分离得到固体产物，并且用去离子水洗涤数次以除去产物中的残留离子。随后在 80 ℃的烘箱中干燥 12 h 备用。

3.2.3　ZPP 纳米纤维膜的制备

首先，将一定量的 PVDF 加入 DMF 和丙酮的混合溶液中，并在 70 ℃下搅拌 5 h 至 PVDF 完全溶解得到澄清透明溶液，其中，PVDF、DMF 和丙酮的质量比为 0.4∶1∶1。随后将一定量的 $ZnSnO_3$ 粉末加入上述 PVDF 溶液中，在 70 ℃下继续搅拌 5 h 得到 $ZnSnO_3$/PVDF 混合溶液用于静电纺丝。

静电纺丝过程如下：纺丝过程在室温、低湿度（25%～40%）环境下进行，注射器针头与接收器的距离为 15 cm，注射针的规格为 23G（外径：0.641 4 mm，内径：0.337 0 mm，壁厚：0.152 4 mm），纺丝速度为 1.0 mL/h，纺丝电压为 22.5 kV。纺丝制备得到的 $ZnSnO_3$/PVDF 纳米纤维膜需要放置在 70 ℃烘箱中干燥过夜以除去复合材料中的残留溶剂。

随后将该 $ZnSnO_3$/PVDF 纳米纤维膜裁剪成尺寸为 30 mm × 8 mm × 2 mm 的长条状样品，并置于吡咯（0.67 g）和乙醇（6 mL）的混合溶液中浸泡 2 h，其间需要反复多次挤压 $ZnSnO_3$/PVDF 纳米纤维膜，以确保吡咯单体可以充分渗透进入纳米纤维膜内，在此过程中，纳米纤维表面被吡咯单体所覆盖，如图 3-1 所示。随后将该纳米纤维膜取出，放置于 $FeCl_3·6H_2O$（6.2 g）和去离子水（6 mL）的混合溶液中浸泡 2 h，其间需要反复多次挤压纳米纤维膜，以确保 $FeCl_3$ 可以充分渗透进入纳米纤维膜内以充分完成吡咯的原位聚合反应。反应完成后，将该纳米纤维膜取出并用酒精和去离子水洗涤数次以除去未反应的吡咯单体和三氯化铁氧化剂，得到 $ZnSnO_3$/PVDF 纳米纤维表面被聚吡咯（PPy）覆盖的 ($ZnSnO_3$/PVDF)@PPy（ZPP）纳米纤维膜。制备所得的 ZPP 纳米纤维膜根据 $ZnSnO_3$ 含量的不同（$ZnSnO_3$/PVDF 质量比为 0、0.2、0.4、0.6 和 0.8），分别命名为 ZPP-0、ZPP-20、ZPP-40、ZPP-60 和 ZPP-80。

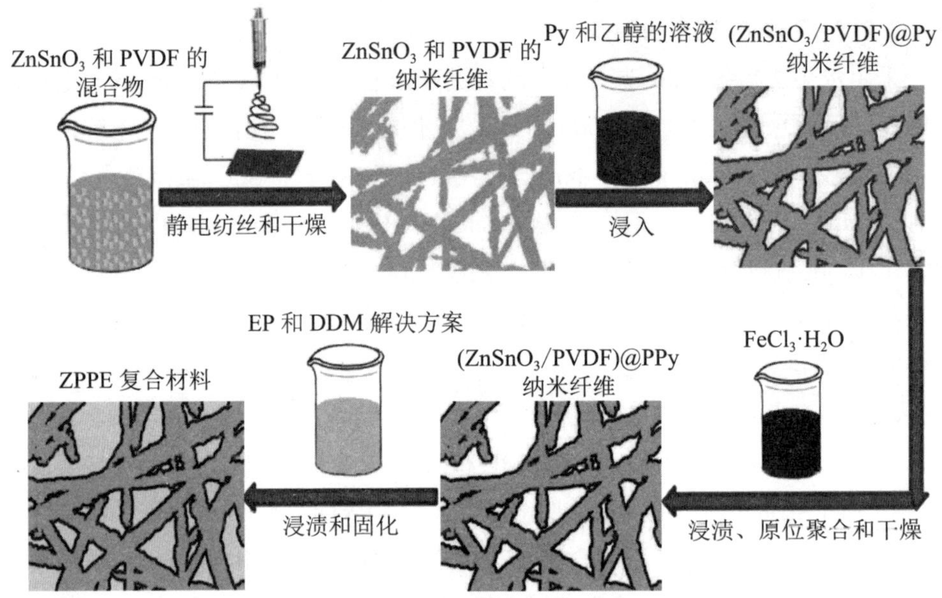

图 3-1　ZPPE 复合材料的制备过程示意图

3.2.4　ZPPE 复合材料的制备

$(ZnSnO_3/PVDF)$@PPy 纳米纤维 / 环氧树脂（ZPPE）复合材料的制备过程如图 3-1 所示。首先将环氧树脂 E51 放于 70 ℃的烘箱中预热 30 min，以降低树脂黏度便于后续称量。将所需用量的固化剂 DDM 加入一定量的丙酮中，并放置于 70 ℃的烘箱中加热至 DDM 完全溶解得到黄褐色澄清溶液。称取一定量的环氧树脂 E51 并用丙酮溶剂稀释以进一步降低其黏度，随后加入上述 DDM 的丙酮溶液，搅拌 10 min 得到环氧树脂 E51 和固化剂 DDM 的混合溶液。

随后，将制备好的 ZPP 纳米纤维膜放置于上述环氧树脂 E51 和固化剂 DDM 的混合溶液中，浸泡 2 h，其间需要反复多次挤压 ZPP 纳米纤维膜，以确保环氧 E51 和 DDM 的混合溶液可以充分渗透进入 ZPP 纳米纤维膜内。随后将该纳米纤维膜取出，室温下抽真空 1 h 以除去溶剂和气泡，在 80 ℃ 2 h+120 ℃ 2 h+160 ℃ 2 h 条件下固化完全得到 $(ZnSnO_3/PVDF)$@PPy 纳米纤维 /EP（ZPPE）复合材料。制备所得的 ZPPE 复合材料根据 $ZnSnO_3$ 含量的不同（$ZnSnO_3$/PVDF 质量比为 0、0.2、0.4、0.6 和 0.8），分别命名为 ZPPE-0，ZPPE-20，ZPPE-40，ZPPE-60 和 ZPPE-80。实验中所用环氧树脂和 DDM 的质量比为 4∶1。

3.2.5　样品表征

采用型号为 Rigaku D/MAX255 的 X 射线衍射仪（XRD）表征样品的结构，测试条件为 Cu 靶 Kα 射线，扫描电压为 35 kV，电流为 200 mA，扫描速度为 5 °/min，扫描范围为 8° ~ 80°。采用型号为 FEI Sirion 200 的场发射扫描电镜（SEM）观察样品的形貌，并用配备的 Oxford 波谱仪测 EDS 图谱，样品表面溅射 Pt 薄层用于传导表面电子。纳米纤维的压电系数采用 d_{33} 准静态压电系数测量仪，所用设备型号为 Model/ZJ-3A。

动态机械性能测试所用设备型号为 Perkin-Elmer DMA 8000，采用三点弯曲模式，测试样品尺寸大小为 30 mm × 8 mm × 2 mm，测试频率为 1 Hz，测试温度范围为 0 ~ 160 °C，升温速率为 5 °C/min，可以由测试结果得到复合材料的储能模量（E'）、损耗模量（E''）和损耗因子（$\tan\delta$）值，所用设备照片如图 2-2 所示。

弯曲性能测试使用万能试验机（BTC-T1-FR020 TN. A50，Zwick，GER），根据 ASTM D-790 标准采用三点弯模式，样品尺寸为 50.8 mm× 12.7 mm × 3.0 mm，支点跨距为 25.4 mm，弯曲速度为 2 mm/min，所用数据为至少五个样品的平均值。

硬度测试采用邵氏 D 型硬度计，测量标准采用 DIN EN ISO 868，样品尺寸为 50 mm × 10 mm × 3 mm，所用数据为至少五个数值的平均值。

3.3　实验结果与讨论

3.3.1　结构与形貌分析

图 3-2 为水热合成的 $ZnSnO_3$ 压电陶瓷粉末的 X 射线衍射图和通过场发射扫描电镜（SEM）观察的微观形貌图，从图中可以看到所制备的 $ZnSnO_3$ 压电陶瓷粉末粒径大小均匀，为边长在 100 ~ 200 nm 的具有规则立方形态的晶体。XRD 结果表明其所有衍射峰都与钙钛矿结构的 $ZnSnO_3$ 标准图谱（JCPDS 卡片号：11-0274）相匹配，且无杂峰出现，说明所制备的 $ZnSnO_3$ 压电陶瓷粉末具有良好的结晶度和纯度。

将一定量的 PVDF 加入 DMF 和丙酮的混合溶剂中，高温剧烈搅拌使其完全溶解形成均匀透明的溶液，随后向上述 PVDF 溶液中加入一定量的 $ZnSnO_3$ 压电陶瓷粉末，高温剧烈搅拌使其混合均匀，将上述混合物在一定条件下静电纺丝并将制备得到的纳米纤维膜放于烘箱中干燥就得到 $ZnSnO_3$/PVDF 纳米纤维膜。通过场发射扫描电镜（SEM）观察所制备的 PVDF 纳米纤维膜和具有不同 $ZnSnO_3$ 压电陶瓷质量分数的 $ZnSnO_3$/PVDF 纳米纤维膜的微观形貌，结果如图 3-3 所示。从图中可以看到，所制备的 $ZnSnO_3$/PVDF 纳米纤维膜为三维网状结构，纤维直径比较均匀，为 100 ~ 500 nm，且 $ZnSnO_3$ 压电陶瓷均匀分布于纤维内［图 3-3（f）］。$ZnSnO_3$/PVDF 纳米纤维随机取向，形成交叉互联的空隙，便于后续环氧树脂基体的填充。由于 $ZnSnO_3$ 压电陶瓷颗粒的添加，使得 $ZnSnO_3$/PVDF 纳米纤维的直径略大于纯的 PVDF 纤维。如图 3-3（h）所示，当 $ZnSnO_3$ 压电陶瓷质量分数达到 60% 时，在 $ZnSnO_3$/PVDF 压电纳米纤维表面形成许多 $ZnSnO_3$ 晶体团簇，随着 $ZnSnO_3$ 压电陶瓷的质量分数进一步增加至 80%，如图 3-3（j）所示，在 $ZnSnO_3$/PVDF 纳米纤维表面形成明显的大尺寸的 $ZnSnO_3$ 颗粒团簇。

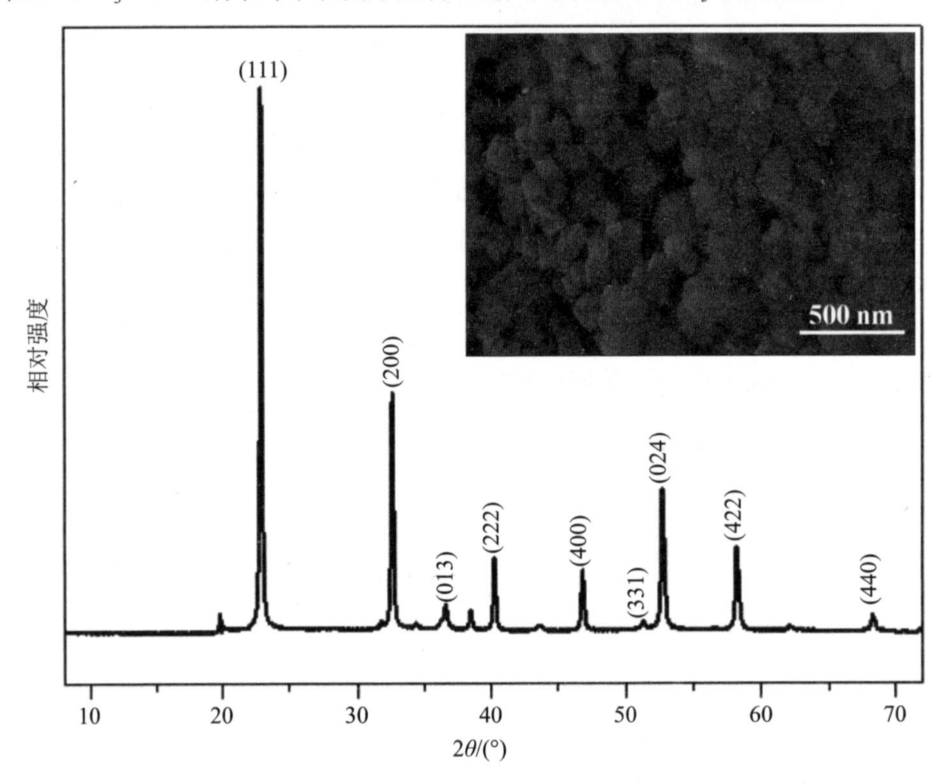

图 3-2　合成的 $ZnSnO_3$ 压电陶瓷粉末的 SEM 和 XRD 图

由于聚吡咯具有成本低、导电性好、易制备等优点，是目前广泛使用的导电高分子之一。采用原位聚合法，在上述制备的 $ZnSnO_3$/PVDF 纳米纤维膜表面均匀地包覆一层聚吡咯 PPy 导电高分子，制备得到 ($ZnSnO_3$/PVDF)@PPy 纳米纤维膜。图 3-4 为具有不同 $ZnSnO_3$ 压电陶瓷质量分数的 ($ZnSnO_3$/PVDF)@PPy 纳米纤维膜的 SEM 图，从图中可以观察到聚吡咯 PPy 均匀包覆在纳米纤维的表面。由图 3-4（f）可以看到纤维表面的 PPy 包覆层是由吡咯单体原位聚合形成的聚吡咯纳米颗粒组成的，颗粒之间依靠聚吡咯环之间的 π-π 络合相互作用堆叠在一起。($ZnSnO_3$/PVDF)@PPy 纳米纤维的直径略大于 $ZnSnO_3$/PVDF 纳米纤维，大小分布均匀，尺寸为 200 ~ 800 nm。

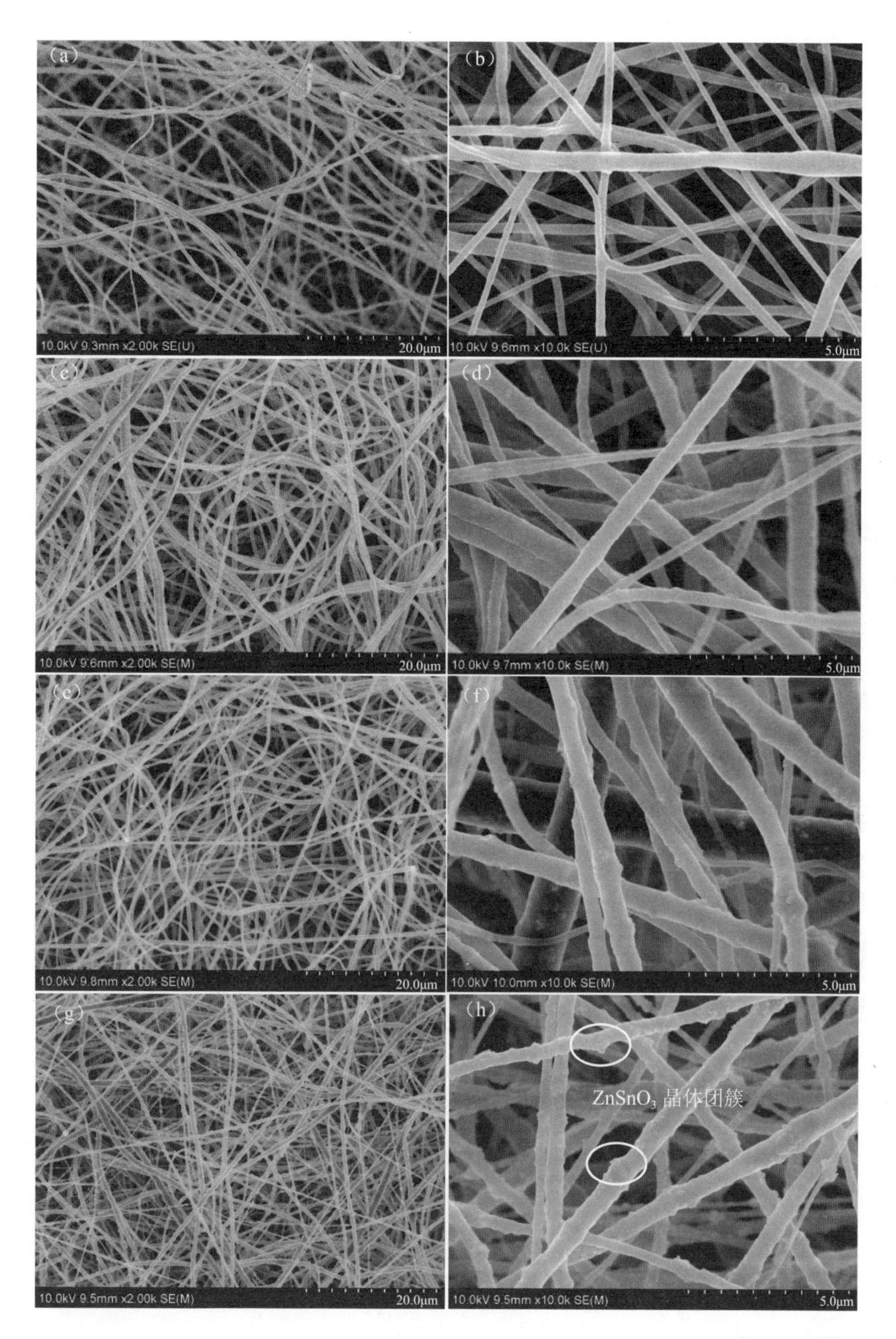
(a)
10.0kV 9.3mm x2.00k SE(U)
20.0μm
(b)
10.0kV 9.6mm x10.0k SE(U)
5.0μm
(c)
10.0kV 9.6mm x2.00k SE(M)
20.0μm
(d)
10.0kV 9.7mm x10.0k SE(M)
5.0μm
(e)
10.0kV 9.8mm x2.00k SE(M)
20.0μm
(f)
10.0kV 10.0mm x10.0k SE(M)
5.0μm
(g)
10.0kV 9.5mm x2.00k SE(M)
20.0μm
(h)
ZnSnO3 晶体团簇
10.0kV 9.5mm x10.0k SE(M)
5.0μm

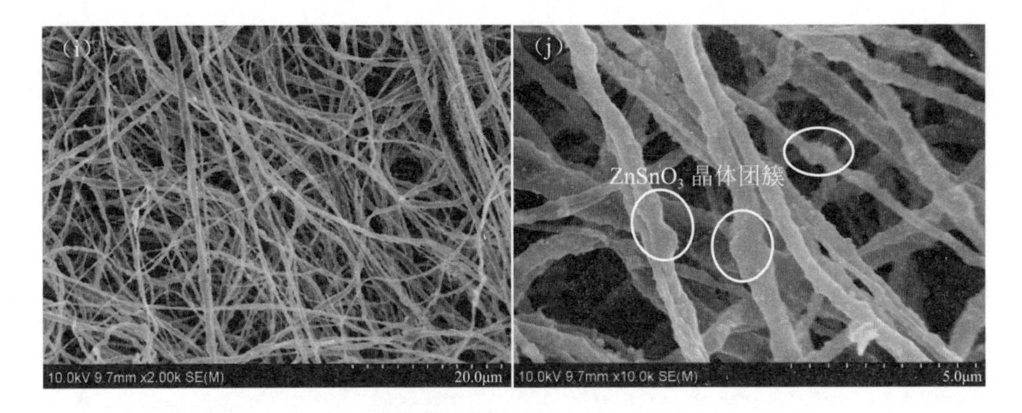

图 3-3　不同 $ZnSnO_3$ 质量分数的 $ZnSnO_3$/PVDF 纳米纤维膜的 SEM 图

（a）（b）0%；（c）和（d）20%；（e）（f）40%；（g）（h）60%；（i）（j）80 %

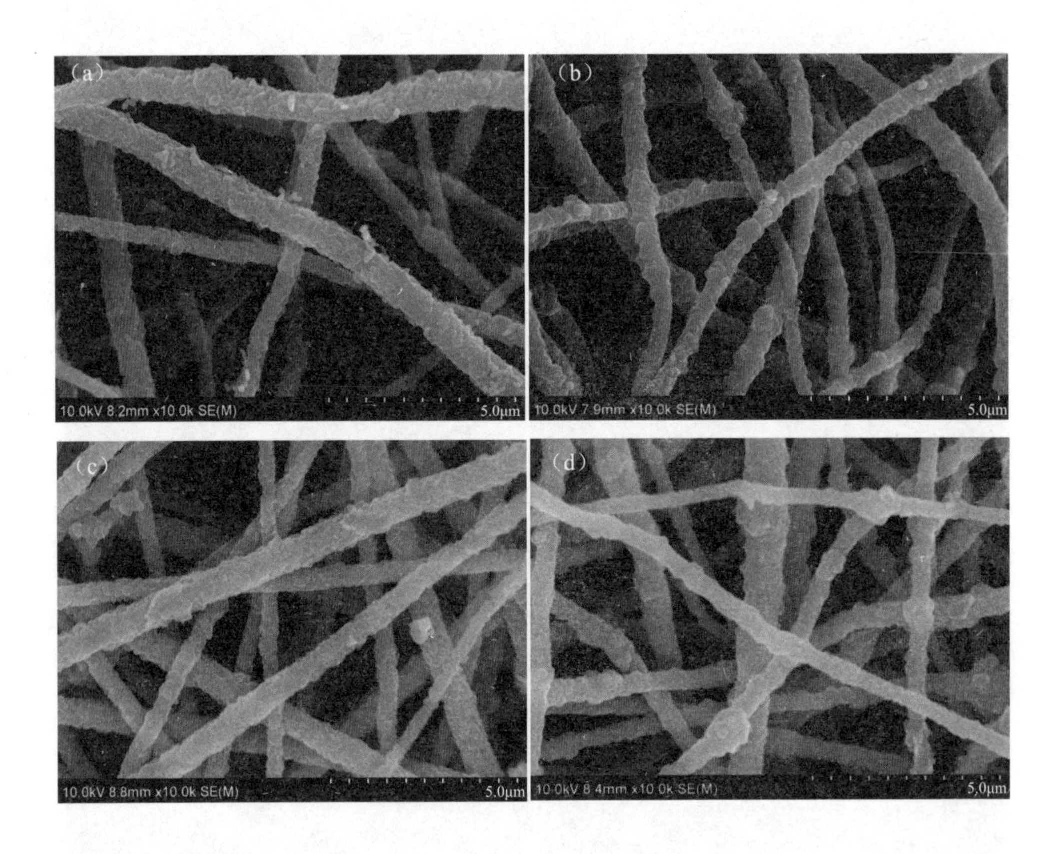

图 3-4　具有不同 $ZnSnO_3$ 压电陶瓷质量分数的 $(ZnSnO_3/PVDF)$@PPy 纳米纤维膜（ZPPs）的 SEM 图

（a）ZPP-20；（b）ZPP-40；（c）ZPP-60；（d）ZPP-80；（e）和（f）ZPP-60

图 3-5 为具有不同 $ZnSnO_3$ 压电陶瓷质量分数的 $(ZnSnO_3/PVDF)$@PPy 纳米纤维膜的 XRD 图。

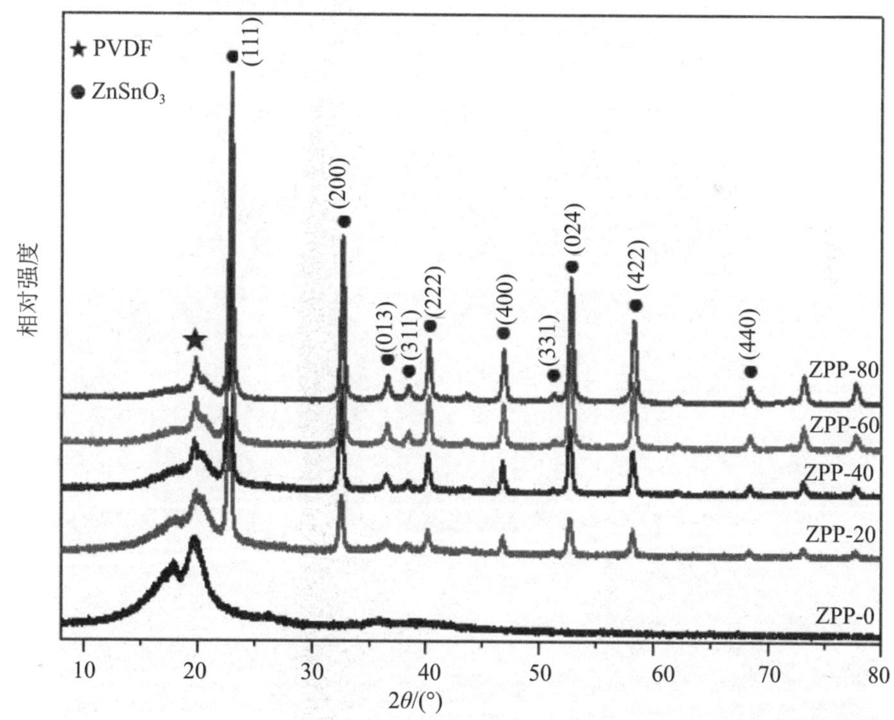

图 3-5　具有不同 $ZnSnO_3$ 压电陶瓷质量分数的 $(ZnSnO_3/PVDF)$@PPy(ZPP) 纳米纤维膜的 XRD 图

从图 3-5 中可以看出，$(ZnSnO_3/PVDF)$@PPy 纳米纤维膜的 XRD 谱图同时具有 PVDF 的峰位以及 $ZnSnO_3$ 压电陶瓷的主要峰位，表明纳米纤维膜中 PVDF 和

$ZnSnO_3$ 压电陶瓷两相共存，除此以外，随着 $ZnSnO_3$ 压电陶瓷含量的增加，ZPP 纳米纤维膜中 $ZnSnO_3$ 的衍射峰逐渐增强，PVDF 的衍射峰逐渐减弱，与之前的报道规律一致。另外，ZPPZ 纳米纤维膜中的 $ZnSnO_3$ 压电陶瓷粉末与水热合成的 $ZnSnO_3$ 晶体的 XRD 谱图一致，说明 $ZnSnO_3$ 压电陶瓷在与 PVDF 溶液混合以及高压静电纺丝的过程中，其晶体结构未被破坏。

图 3-6 为 $ZnSnO_3$ 质量分数为 60% 的 ($ZnSnO_3$/PVDF)@PPy 纳米纤维膜的 EDS 元素（C、F、N、O、Sn、Zn）分布图，通过 N 元素分布图可以确定聚吡咯导电高分子均匀地包覆在 $ZnSnO_3$/PVDF 纳米纤维表面，通过 Sn、Zn 和 O 元素分布图可以证明静电纺丝后，$ZnSnO_3$ 压电陶瓷颗粒均匀分布于 $ZnSnO_3$/PVDF 纳米纤维中。

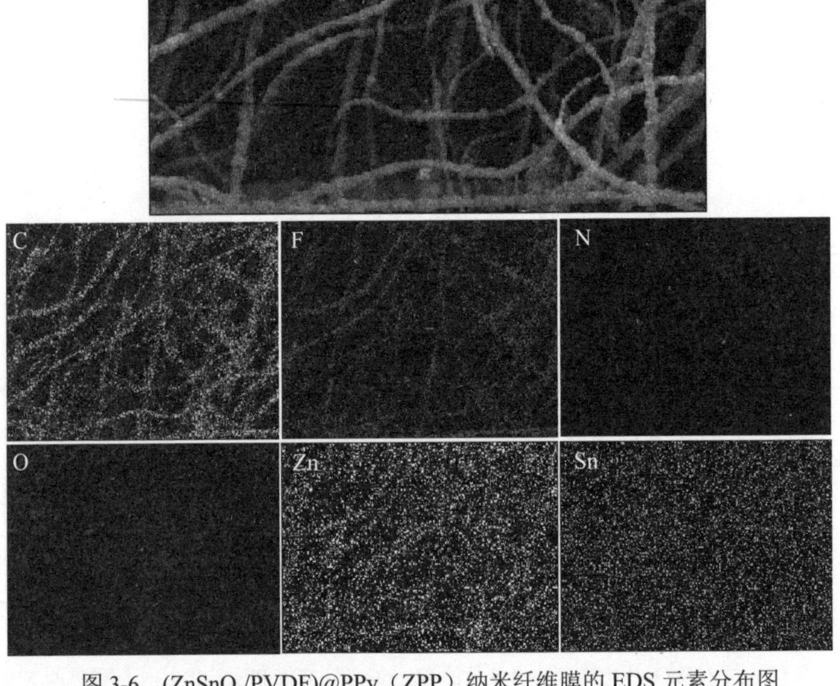

图 3-6 ($ZnSnO_3$/PVDF)@PPy（ZPP）纳米纤维膜的 EDS 元素分布图

3.3.2 ZPPE 复合材料的动态机械性能

通过向上述 ($ZnSnO_3$/PVDF)@PPy 纳米纤维膜填充环氧树脂基体，制备得到

$(ZnSnO_3/PVDF)$@PPy 纳米纤维 / 环氧树脂（ZPPE）复合材料。环氧树脂基体和具有不同 $ZnSnO_3$ 压电陶瓷含量的 ZPPE 复合材料的阻尼性能由动态机械分析仪（DMA）测量并同时记录其储能模量（E'）、损耗模量（E''）和损耗因子（$\tan\delta$）值，实验结果列于表 3-2。

表 3-2　具有不同 $ZnSnO_3$ 质量分数的 ZPPE 复合材料在 1 Hz，20°C 温度范围内的阻尼性能

样品	储能模量（E'）/MPa	损耗模量（E''）/MPa	损耗因子（$\tan\delta$）	T_g/°C	温度变化范围 (ΔT)/°C $\tan\delta$>0.3
EP	3 214.5	79.8	0.025	124.3	109.9 ~ 139.7(29.8)
ZPPE-0	6 655.8	295.8	0.044	125.2	111.8 ~ 137.2(25.4)
ZPPE-20	7 257.4	339.3	0.047	114.2	101.0 ~ 125.6(24.6)
ZPPE-40	6 399.2	422.1	0.066	117.4	107.7 ~ 130.8(23.1)
ZPPE-60	6 261.6	522.6	0.083	117.3	102.6 ~ 135.2(32.6)
ZPPE-80	6 041.4	469.9	0.078	113.7	100.3 ~ 121.6(21.3)

图 3-7（a）为环氧树脂基体和具有不同 $ZnSnO_3$ 压电陶瓷质量分数的 ZPPE 复合材料的 E' 值随温度变化曲线。储能模量是评估材料的承受载荷能力的重要参数，高的 E' 值表明材料具有较高的刚度。从图中可以看出，所有的 ZPPE 复合材料都具有比环氧树脂基体更高的储能模量，且其室温下的 E' 值均在 6 000 ~ 7 500 MPa 范围内。从表 3-2 可以看出，环氧树脂基体，ZPPE-0、ZPPE-20、ZPPE-40、ZPPE-60 和 ZPPE-80 复合材料在 20 ℃ 下的储能模量值分别为 3 214.5 MPa、6 655.8 MPa、7 257.4 MPa、6 399.2 MPa、6 261.6 MPa 和 6 041.4 MPa，表明 ZPPE 复合材料具有比环氧树脂基体更好的机械性能。ZPPE 复合材料具有较高的 E' 值可归因如下：一方面，ZPP 纳米纤维表面包覆的 PPy 聚合物颗粒表面上的官能团，如氨基，可在高温固化过程中与环氧树脂单体反应，使纤维与基体间形成化学键，从而在纤维和聚合物基体之间形成较强的界面相互作用力；另一方面，$(ZnSnO_3/PVDF)$@PPy 纳米纤维的三维网状结构以及高模量 $ZnSnO_3$ 压电陶瓷颗粒的添加也有利于提高 ZPPE 复合材料的刚度。

图 3-7（b）为环氧树脂基体和具有不同 $ZnSnO_3$ 压电陶瓷含量的 ZPPE 复合材料的损耗模量值随温度变化曲线。损耗模量（E''）是材料在机械形变下每循环单位所耗散能量的量度，用于表征材料的黏度。如表 3-2 所示，环氧树脂基体、ZPPE-0、ZPPE-20、ZPPE-40、ZPPE-60 和 ZPPE-80 复合材料在 20 ℃ 下的损耗模量值分别为 79.8 MPa、295.8 MPa、339.3 MPa、422.1 MPa、522.6 MPa 和 469.9 MPa。结果显示，所制备的 ZPPE 复合材料具有比环氧树脂基体更高的 E'' 值，表明 ZPPE 复合材料可

以将更多的外界振动和噪声等机械能转化为热能耗散掉。此外，随着 $ZnSnO_3$ 压电陶瓷含量的增加，ZPPE 复合材料的 E'' 值也相应提高，当 $ZnSnO_3$ 压电陶瓷的质量分数为 60% 时，ZPPE-60 复合材料具有最大的损耗模量值。随着 $ZnSnO_3$ 压电陶瓷的质量分数继续增加至 80%，ZPPE-80 复合材料的损耗模量值有所下降，但仍高于环氧树脂聚合物基体。复合材料 ZPPE-60 具有最高的损耗模量值，其与环氧树脂基体相比，E'' 值提高约 554.9%。

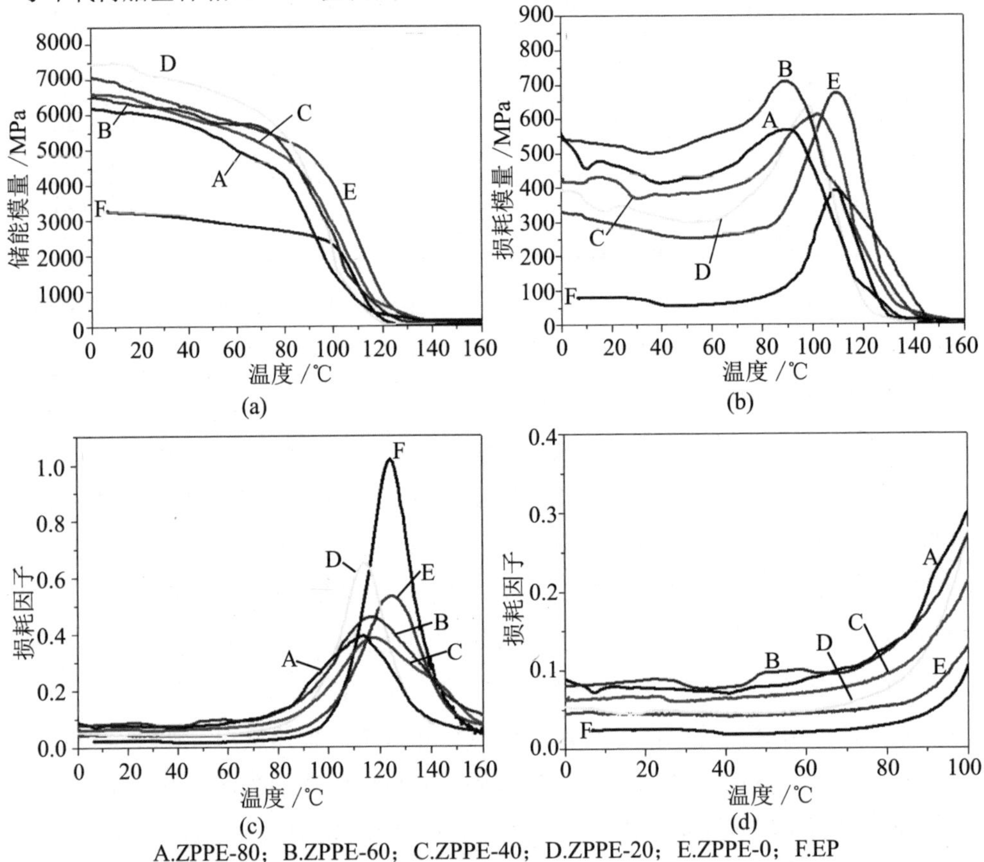

图 3-7　环氧树脂基体和 ($ZnSnO_3$/PVDF)@PPy 纳米纤维 /EP(ZPPE) 复合材料在 1 Hz 下的各因素随温度变化曲线

（a）储能模量；（b）损耗模量；（c）损耗因子（0～160 ℃）；（d）损耗因子（0～100 ℃）

损耗因子定义为损耗模量与储能模量的比值，高的 $\tan\delta$ 值表明材料具有更好的能量耗散能力。通常情况下，大部分工程阻尼材料的使用环境接近室温，因此阻尼材料在室温条件下的 $\tan\delta$ 值应尽可能高。图 3-7（c）为环氧树脂基体和具有不同 $ZnSnO_3$ 压电陶瓷质量分数的 ZPPE 复合材料的 $\tan\delta$ 值随温度变化曲线。从图中可以看到，在 0 ~ 100 ℃ 的温度范围内，相比较环氧树脂基体而言所有 ZPPE 复合材料的损耗因子值都有了较大提高。环氧树脂基体和 ZPPE 复合材料的玻璃化转变温度均在 113 ~ 125 ℃ 的温度范围内，因此上述 0 ~ 100 ℃ 的 ZPPE 复合材料损耗因子增大的温度范围均处在玻璃化转变温度以下。在低于 T_g 的温度范围内，环氧树脂为玻璃态，高分子链处于冻结状态，因此 ZPPE 复合材料阻尼性能的提高主要归因于外界机械能 - 电能 - 热能的压电阻尼效应和纤维 - 纤维与纤维 - 基体之间的内部摩擦耗能。当 ZPPE 复合材料受到外部动态力作用时，复合材料产生一定的形变，此时材料内的压电相 $ZnSnO_3$/PVDF 纳米纤维可通过自身的压电效应将一部分外界机械能转化为电能，产生的电流流经 ($ZnSnO_3$/PVDF)@PPy 纳米纤维膜表面包覆的 PPy 导电网络时转化为热能而耗散掉。此外，ZPPE 复合材料是通过向 ZPP 纳米纤维膜中填充环氧树脂基体制备而成的，因此复合材料内部纤维与纤维之间和纤维与基体之间有丰富的接触界面，可以通过纤维 - 纤维之间的边界滑动摩擦和纤维 - 基体之间的界面滑动摩擦将一部分外界机械能转化为热能而耗散掉。与环氧树脂基体相比，不含 $ZnSnO_3$ 压电陶瓷的 ZPPE-0 复合材料的阻尼性能也有所提高，从而证明内部摩擦效应可以将一部分外界机械能转化为热能耗散掉。

如图 3-7（c）所示，可以发现在玻璃化转变区域，所有 ZPPE 复合材料的损耗因子峰值强度均低于环氧树脂基体，虽然 ZPP 纳米纤维膜的添加可以使 ZPPE 复合材料在 T_g 附近产生较多的纤维 - 基体界面摩擦，从而有利于提高 ZPPE 复合材料的阻尼性能，然而，在 T_g 附近大部分的外界机械能是通过此时大分子链之间高黏度体系下的受阻摩擦运动而耗散的，对于 ZPPE 复合材料来说，虽然 ZPP 纳米纤维膜的空隙填满环氧树脂基体，但 ZPP 纳米纤维膜依然占大部分质量分数，因此 ZPPE 复合材料在玻璃化转变区附近通过聚合物基体的大分子链段摩擦耗能低于纯环氧树脂基体，从而导致其在 T_g 附近的损耗因子峰值强度降低。当温度升高到 T_g 以上时，聚合物的大分子链吸收足够的能量可以自由运动，材料的机械能耗散能力大大降低，损耗因子急剧下降。

ZPP 纳米纤维膜表面的含氮官能团可在高温固化过程中与环氧树脂单体发生反应形成一定的化学键接，因此在聚合物基体和纳米纤维界面接触区域的环氧树脂高分子链的流动性受到限制。此外，由于 ZPP 纳米纤维膜为三维网状结构，使其具有更高的比表面积，从而可以提供更多的纤维 - 环氧基体界面接触区，从而使 ZPPE 复合材料的 T_g 值向高温方向移动。如以前报道所述，ZPPE 复合材料的玻璃化温度值最终取决于影响固化反应降低 T_g 值和限制高分子链运动提高 T_g 值两个因素的平衡作用。

如图 3-7（c）所示，ZPPE 复合材料的玻璃化转变温度较环氧树脂基体下降可能归因于纳米纤维膜的存在干扰环氧树脂的固化反应，从而降低其交联密度的影响更大一些。从 SEM 图 3-3（a）和（b）中可以看出，对于 ZPPE-0 复合材料来说，由于 ZPP-0 纳米纤维膜更加稀疏，因此其对环氧树脂固化反应的干扰更小，从而环氧树脂的交联密度受到的影响更小，此外由于纤维表面含氮官能团与环氧单体的反应导致的纤维－高分子相界面处对高分子链的限制运动作用更加明显，因此其玻璃化温度相比较环氧树脂基体向高温方向移动。

如表 3-2 所示，可以看到 ZPPE 复合材料的阻尼性能受 $ZnSnO_3$ 压电陶瓷含量的影响很大，环氧树脂基体、ZPPE-0、ZPPE-20、ZPPE-40、ZPPE-60 和 ZPPE-80 复合材料在 20℃的损耗因子值分别为 0.025、0.044、0.047、0.066、0.083 和 0.078，结果表明，所制备的 ZPPE 复合材料具有比环氧树脂基体更高的损耗因子值，并且其随着 $ZnSnO_3$ 压电陶瓷质量分数的增加而逐渐提高，当 $ZnSnO_3$ 压电陶瓷的质量分数为 60% 时，ZPPE-60 复合材料表现出最佳的阻尼性能，当进一步增加 $ZnSnO_3$ 的质量分数至 80% 时，ZPPE-80 复合材料的损耗因子值略微降低，这可能是由于对于 ZPPE-80 复合材料，在 $ZnSnO_3$/PVDF 纳米纤维表面形成了大量的 $ZnSnO_3$ 压电陶瓷颗粒团簇，压电相团聚不仅不利于压电阻尼效应的发挥，而且对纤维－基体界面处的摩擦耗能也产生不利的影响。ZPPE-60 复合材料具有最好的阻尼性能，其损耗因子值相比环氧树脂基体的损耗因子值大约增加了 232%。将 ZPPE 复合材料的阻尼性能与其他压电阻尼复合材料进行对比，结果列于表 3-3。从表 3-3 可以发现，($ZnSnO_3$/PVDF)@PPy 纳米纤维膜相比较其他无铅压电陶瓷，如 $BaTiO_3$ 或 ZnO，具有更高的压电系数（d_{33}）值，这更有利于将外部机械能通过压电阻尼效应转化为热能而耗散掉，除此以外，ZPPE 复合材料具有比其他压电阻尼结构材料更高的损耗因子值，因此可以用作性能良好的结构阻尼材料。

3.3.3 ZPPE 复合材料的机械性能

具有不同 $ZnSnO_3$ 压电陶瓷质量分数的 ZPPE 复合材料的弯曲强度和弯曲模量变化曲线如图 3-8 所示。从图中可以看出，相比较环氧树脂基体，ZPPE 复合材料具有更高的弯曲强度。除此以外，ZPPE 复合材料的弯曲强度值随着 $ZnSnO_3$ 压电陶瓷质量分数的增加而升高，当 $ZnSnO_3$ 的质量分数达到 60% 时，ZPPE-60

具有最高的弯曲强度；当进一步增加 $ZnSnO_3$ 的质量分数至 80% 时，ZPPE-80 复合材料的弯曲强度值有所下降。环氧树脂基体、ZPPE-0、ZPPE-20、ZPPE-40、ZPPE-60 和 ZPPE-80 复合材料的弯曲强度值分别为 168.1 MPa、222.6 MPa、236 MPa、248.1 MPa、269 MPa 和 243.9 MPa。复合材料 ZPPE-60 具有最大的弯曲强度，其比环氧树脂基体的弯曲强度提高了约 60.0 %。

表 3-3　ZPPE 复合材料与其他压电阻尼复合材料的阻尼性能

样品	储能模量（E'）/MPa	损耗模量（E''）/MPa	$\tan\delta_{max}$（室温）	T_g /°C	温度变化范围 (ΔT)/°C $\tan\delta>0.3$	压电系数（d_{33}）/ ($pC\cdot N^{-1}$)
PZT/ 碳纤维 (CF)/ 环氧树脂 (EP)[178]	—	—	0.02	—	—	600[83]
ZnO 纳米棒 / 碳纤维 (CF)/ 环氧树脂 (EP)[79]	21 200	318	0.015	—	—	12.4[222]
PZT/ 炭黑 (CB)/ 环氧树脂 (EP)[78]	—	—	0.078	—	—	600[83]
PZT/Fe/ 聚二甲基硅氧烷 (PDMS)[80]	0.25	0.05	0.2	—	—	600[83]
PZT/ 碳纳米管 (CNT)/ 聚酰胺 11(PA 11)[181]	14 500	260	0.018	—	—	600[83]
PZT/ 多壁碳纳米管 (CNT)/ 环氧树脂 (EP)[81]	—	—	0.2	—	—	600[83]
$BaTiO_3$/ 碳纤维 (CF)/ 氯化聚乙烯 (CPE)[82]	250	67.5	0.27	—	—	42[223]
($ZnSnO_3$/PVDF)@PPy 纳米纤维 / 环氧树脂 (EP)	6 261.6	522.6	0.083	117.3	102.6 ~ 135.2 (32.6)	51

从图 3-8 可以看出，ZPPE 复合材料的弯曲模量与上述弯曲强度趋势一致，环氧树脂基体、ZPPE-0、ZPPE-20、ZPPE-40、ZPPE-60 和 ZPPE-80 复合材料的弯曲模量值分别为 3 600 MPa、7 310 MPa、9 150 MPa、10 650 MPa、11 790 MPa 和 11 580 MPa。复合材料 ZPPE-60 具有最大的弯曲模量，其比环氧树脂基体的弯曲模量提高了约 227.5%，ZPPE 复合材料机械性能的提高，可归因于 ($ZnSnO_3$/PVDF)@PPy 纳米纤维膜织物结构的增强作用以及高模量 $ZnSnO_3$ 压电陶瓷颗粒的添加。对于 $ZnSnO_3$ 质量分数为 80% 的 ZPPE-80 复合材料，由于在 ($ZnSnO_3$/PVDF)@PPy 纳米纤维表面形成更多的 $ZnSnO_3$ 压电陶瓷颗粒团簇，容易导致应力集中，从而使其弯曲性能比 ZPPE-60 复合材料略微下降。

具有不同 $ZnSnO_3$ 压电陶瓷体积分数的 ZPPE 复合材料的邵氏 D 型硬度变化曲线如图 3-9 所示，从图中可以看出 ZPPE 复合材料具有比环氧树脂基体更高的硬度值，并且随着 $ZnSnO_3$ 压电陶瓷质量分数的增加而提高。环氧树脂基体、ZPPE-0、ZPPE-20、ZPPE-40、ZPPE-60 和 ZPPE-80 复合材料的邵氏 D 型硬度值分别为 81.7、82.3、83.8、84.6、84.9 和 85.1。此外，相比较 ZPPE-0，ZPPE-20 复合材料的邵氏硬度值有了较大提高，可能是由于添加了高模量的 $ZnSnO_3$ 压电陶瓷粉末。随着 $ZnSnO_3$ 压电陶瓷质量分数进一步增加，其他 ZPPE 复合材料的邵氏硬度值区别不大，ZPPE-60 的邵氏 D 型硬度值比环氧树脂基体提高了约 3.92 %。

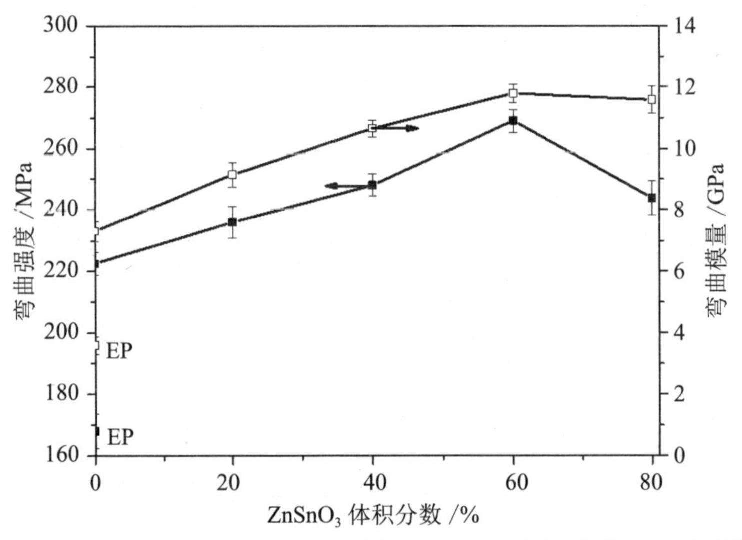

图 3-8 环氧树脂基体和含不同 $ZnSnO_3$ 体积分数的 ZPPE 复合材料的弯曲强度和弯曲模量曲线图

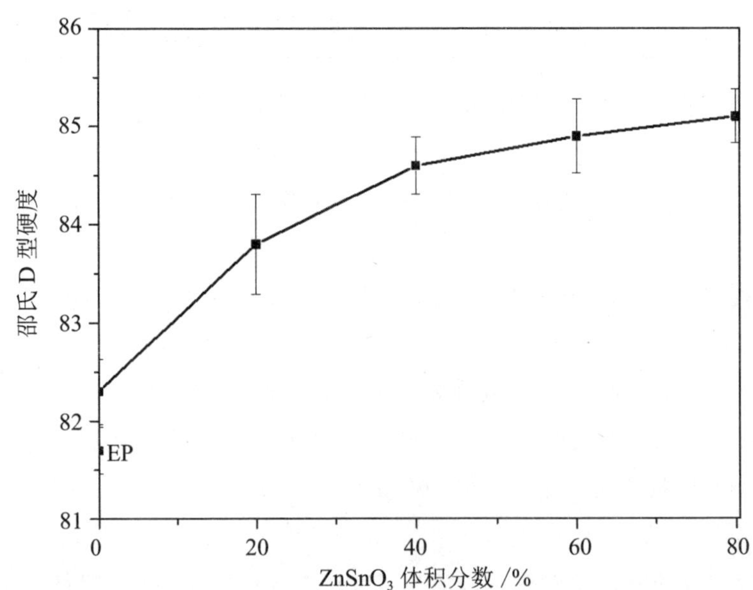

图 3-9 环氧树脂基体和具有不同 $ZnSnO_3$ 体积分数的 ZPPE 复合材料的邵氏 D 型硬度曲线图

3.4　本章小结

（1）采用低温水热法合成 $ZnSnO_3$ 无铅压电陶瓷，取代通常使用的高能耗高污染的含铅压电陶瓷。利用真空辅助填充方法向 ($ZnSnO_3$/PVDF)@PPy 纳米纤维膜灌注环氧树脂基体制备得到 ZPPE 复合材料，三维纤维网状织物结构可以保证压电相和导电相在复合材料内的均匀分布，有利于压电阻尼效应的发挥，而且有利于增强复合材料的机械性能。

（2）具有不同 $ZnSnO_3$ 质量分数的 ZPPE 复合材料在室温下的储能模量（E'）值均高于环氧树脂基体，说明 ZPPE 复合材料具有比环氧树脂更好的机械性能，这可归因于 ($ZnSnO_3$/PVDF)@PPy 纳米纤维网络结构的增强作用以及高模量 $ZnSnO_3$ 压电陶瓷颗粒的添加。

（3）当 $ZnSnO_3$ 的质量分数为 60% 时，ZPPE-60 复合材料具有最好的阻尼性能，其 E'' 和 $\tan\delta$ 值比环氧树脂基体分别提高了约 554.9% 和 232%。ZPPE 复合材料阻尼性能的提高是由压电阻尼效应（外界机械能－电能－热能）以及内部摩擦（纤维－纤维以及纤维－基体间的界面摩擦）耗能所致的。

（4）复合材料 ZPPE-60 具有最大的弯曲强度和弯曲模量值，其比环氧树脂基体分别提高了约 60.0% 和 227.5%，这可能归因于 ($ZnSnO_3$/PVDF)@PPy 纳米纤维膜织物结构的增强作用以及高模量 $ZnSnO_3$ 压电陶瓷颗粒的添加。此外，ZPPE 复合材料的邵氏 D 型硬度值随着 $ZnSnO_3$ 质量分数的增加而逐渐升高。结果表明，ZPPE 复合材料可以用于机械性能良好的结构阻尼材料。

第 4 章　PGPP 复合材料的制备及其阻尼性能和耗能机理

4.1　引言

阻尼材料可以吸收外界机械能并将其转化为热能而耗散掉，从而有效减少振动和噪声。通常用损耗因子（tanδ）来表征材料的阻尼性能，tanδ 值越大，tanδ > 0.3 的温度范围越宽，表明材料的阻尼性能越好。通常对工程类阻尼材料而言，tanδ > 0.3 的温度范围为 60 ~ 80 ℃，因此研究宽温域、高损耗因子值的阻尼材料具有十分重要的意义。一般来说，阻尼材料根据施工对象不同，可以采用两种处理方式，一种是自由阻尼或扩展阻尼，即直接将阻尼材料黏附到需要做减振处理的结构件表面，当结构件弯曲振动时，通过阻尼层材料的拉伸形变来消耗能量；另一种是约束阻尼，即在阻尼层上再黏附一层高模量的刚性约束层材料，当结构件弯曲时，通过阻尼层材料的剪切形变来消耗能量以达到减振降噪作用。聚二甲基硅氧烷（PDMS）具有良好的化学稳定性、电绝缘性、疏水性以及较高的抗剪切性，并且其柔韧性良好，适合用作表面黏附阻尼层，然而 PDMS 的玻璃化转变温度在 0 ℃以下，且阻尼性能较差。本章通过向 PDMS 中添加压电相和导电相来制备 PDMS 基体的压电阻尼复合材料，以增大损耗因子，并有效拓宽其阻尼温域，从而得到性能良好的表面包覆阻尼材料。

根据之前的报道，压电阻尼复合材料的体积电阻率必须调节至半导体范围，才能使外界机械能充分耗散。Hori 等制备了 PZT/CB/EP 压电阻尼复合材料，发现当导电炭黑的质量分数为 0.51%，体积电阻率为 1×10^{7} ~ 1×10^{8} Ω·cm 时，复合材料阻尼性能最佳。Wang 等制备了 PMN/CB/ 氯化丁基橡胶（CIIR）复合材料，结果表明在 CB 的质量分数为 25% 时复合材料达到渗流阈值，此时最大损耗因子值可达 0.98，且 tanδ > 0.5 的温度范围为 −52.8 ~ 3.0 ℃。Liu 等制备了 PZT/CB/CIIR/ 聚乙基丙烯酸酯（PEA）复合材料，结果表明当 CB 质量分数为 10% ~ 30% 时，复合材料体积电阻率为 $1\times10^{5}\sim1\times10^{9.5}\ \Omega\cdot cm$ 时，复合材料阻尼性能最佳。可以看出，上述压电阻尼复合材料达到渗流阈值时所用导电相质量分数较大，这样不仅会增加生产成本，而且会在一定程度上破坏高分子基体的柔韧性。

石墨烯由于具有极高的机械强度，良好的导电和导热性，以及丰富的来源（石墨），目前被广泛用作无机纳米填料来制备聚合物复合材料。本章使用三维网络结构的聚氨酯泡沫负载石墨烯为导电相，用真空辅助填充方法向导电泡沫中灌注 PZT 和 PDMS 的混合物制备得到 (PU/RGO)/PZT/PDMS 压电阻尼复合材料，由于导电相为三维网络结构，很少的添加量就可以达到复合材料的渗流阈值，从而大大降低生产成本，并有利于保持 PDMS 基体良好的柔韧性。利用压电阻尼作用以及填料－填料和填料－基体之间的界面摩擦耗能，可以制备得到一种新型的宽温域、高损耗因子的压电阻尼复合材料。本章系统研究了不同 PZT 压电陶瓷质量分数的 PGPP 复合材料的形貌、结构和阻尼性能，并对耗能机制进行了探讨。

4.2　实验部分

4.2.1　试剂与原料

本章实验所用化学试剂和原料列于表 4-1，所有化学试剂都是直接使用，未进行任何处理。

表 4-1　实验化学试剂和原料

名称及缩写	规格或型号	生产商
硝酸钠 ($NaNO_3$)	AR，≥ 99.0%	国药集团化学试剂有限公司
高锰酸钾 ($KMnO_4$)	AR，≥ 99.5%	国药集团化学试剂有限公司
浓硫酸 (H_2SO_4)	AR，95.0% ~ 98.0%	国药集团化学试剂有限公司
盐酸 (HCl)	AR，36.0% ~ 38.0%	国药集团化学试剂有限公司
双氧水 (H_2O_2)	AR，≥ 30.0%	国药集团化学试剂有限公司
水合肼 ($H_4N_2\cdot H_2O$)	AR，≥ 85.0%	国药集团化学试剂有限公司
乙酸乙酯 ($C_4H_8O_2$)	AR，≥ 99.5%	国药集团化学试剂有限公司
石墨粉 (Graphite)	800 目，固定碳含量≥ 99%	青岛华泰润滑密封科技有限责任公司
聚氨酯泡沫 (PU foam)	品名：Maryya	上海妙洁日用化工有限公司
锆钛酸铅 (PZT)	压电系数 $d_{33}\approx650$ pC/N	淄博百灵电子有限公司
聚二甲基硅氧烷 (PDMS)	Sylgard 184 型	道康宁（上海）有限公司
去离子水 (DI H_2O)	$R>17$ MΩ	超纯水机生产

4.2.2　氧化石墨烯的制备

采用改进的 Hummers 方法制备氧化石墨烯（GO）。首先，将 1 g 石墨粉，

46 mL 浓 H_2SO_4 与 0.5 g $NaNO_3$ 放入 250 mL 的三口烧瓶中，并在冰水浴以 20 r/min 的转速搅拌 30 min。随后将 1.5 g $KMnO_4$ 慢慢加入上述体系中，搅拌 30 min 后，再加入另外 1.5 g $KMnO_4$，继续搅拌 30 min，加入过程将瓶内温度保持在 20 ℃ 左右。随后升高反应体系温度至 40 ℃ 并继续搅拌 1 h，此时瓶内石墨粉已变成黏稠的淤泥状。将水浴锅温度升高至 100 ℃，并向烧瓶内加入 92 mL 去离子水，此时体系会发生剧烈氧化反应，颜色由棕灰色变为明黄色，反应完成后，向三口烧瓶内滴加质量分数为 35% 的双氧水，如果没有颜色变化说明体系内已经没有未反应的 $KMnO_4$。向三口烧瓶内加入 140 mL 去离子水继续稀释反应体系。最后，将混合液进行抽滤，并用质量分数为 7% 的盐酸溶液冲洗滤饼，在 60 ℃ 下进行烘干处理即可获得氧化石墨烯（GO）。

4.2.3 PU/RGO 泡沫的制备

PU/RGO 泡沫（PGF）的制备过程如图 4-1 所示。将制备好的 15 mg GO 加入 30 mL 去离子水中（此时 GO 质量浓度为 0.5 mg/mL），在室温下超声 30 min 使 GO 完全溶解得到亮黄色澄清透明溶液，随后加入 37 μL 水合肼并搅拌 15 min 使水合肼与 GO 混合均匀。将 30 cm^3 大小的 PU 泡沫浸入上述溶液，并采用反复挤压和抽真空的方法脱除泡沫内的空气并使溶液充分浸入 PU 泡沫内部，随后将该泡沫放入 50 mL 的聚四氟乙烯内衬的水热釜中，并置于 95 ℃ 的烘箱中加热 12 h，在此过程中，氧化石墨烯被水合肼还原，并且由于石墨烯片的疏水性以及 π-π 络合相互作用在还原过程中自动附着在 PU 泡沫的骨架上。随后取出该泡沫并用去离子水反复洗涤数次以去除杂质后，放在 60 ℃ 的烘箱中烘干 12 h 就得到 0.5 mg/mL 的 PU/RGO 泡沫，命名为 PGF-0.5。在上述制备过程中，将所加 GO 的质量分别变为 3 mg 和 30 mg（此时 GO 质量浓度分别为 0.1 mg/mL 和 1 mg/mL），就可以制备得到 GO 质量浓度为 0.1 mg/mL 和 1 mg/mL 的 PU/RGO 泡沫，并分别命名为 PGF-0.1 和 PGF-1。实验中所用还原剂水合肼和 GO 的质量比为 2.5∶1。

4.2.4 PGPP 复合材料的制备

采用真空辅助填充方法制备 (PU/RGO)/PZT/PDMS(PGPP) 压电阻尼复合材料，如图 4-1 所示。制备过程以 PZT 和 PDMS 质量比为 1∶1 的样品为例说明，首先将 5 g PDMS 加入 10 g 乙酸乙酯中并搅拌 10 min 至完全溶解，然后加入 5 g PZT 粉末，将水浴锅升温至 70 ℃ 下剧烈搅拌 2 h 以去除乙酸乙酯溶剂并使 PZT 粉末均匀分散于 PDMS 基体中。随后向上述混合物中加入 0.5 g PDMS 交联剂，并搅拌 5 min 使其混合均匀，然后将该混合液体倒入上述制备好的 PU/RGO 泡沫中，在室温下真空环境中放置 60 min 以去除体系内的气泡和残留的乙酸乙酯溶剂，随后在 120 ℃ 下固化 2 h 即制备得到复合材料 PGPP-1。采用上述制备方法，调变 PZT 质量分数并使 PZT 与 PDMS 质量比分别为 2∶1、4∶1 和 6∶1，就可以制备得到复合材料 PGPP-2、PGPP-4 和 PGPP-6。实验中所用 PDMS 基体和交联剂的质量比为 10∶1。

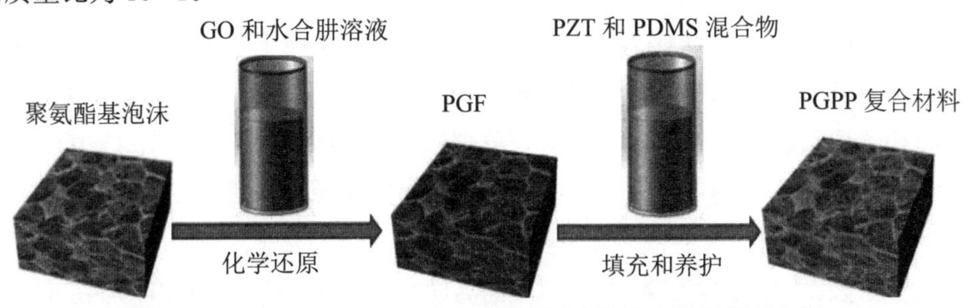

图 4-1　(PU/RGO)/PZT/PDMS(PGPP) 复合材料的制备过程示意图

4.2.5　样品表征

采用型号为 Rigaku D/MAX255 的 X 射线衍射仪（XRD）表征样品的结构，测试条件为 Cu 靶 Kα 射线，扫描电压为 35 kV，电流为 200 mA，扫描速度为 5 °/min，扫描范围为 20° ~ 60°。采用型号为 FEI Sirion 200 的场发射扫描电镜（SEM）观察样品的形貌，样品表面溅射 Pt 薄层用于传导表面电子。采用型号为 Kratos AXIS ULTRA DLD 的 X 射线光电子能谱仪（XPS）测定样品中的元素组成及价态。拉曼光谱（Raman spectra）采用型号为 SENTERRA R200 的拉曼光谱仪测量，使用波长为 532 nm。采用型号为 ZC-36 型的高阻计测量样品的体积电阻率，设备生产厂家为上海第六电表厂。复合材料的压电系数采用 d_{33} 准静态压电系数测量仪，所用设备型号为 Model/ZJ-3A。

动态机械性能测试所用设备型号为 Perkin-Elmer DMA 8000，采用压缩模式，测试样品尺寸为 10 mm × 8 mm× 1.2 mm，测试频率为 1 Hz、30 Hz、60 Hz 和 100 Hz，测试温度范围为 −70 ~ 100 ℃，升温速率为 5 ℃/min，可以由测试结果得到复合材料的储能模量（E'）、损耗模量（E''）和损耗因子（$\tan\delta$）值，所用设备照片如图 2-2 所示。

4.3　实验结果与讨论

4.3.1　结构与形貌分析

实验所用 PZT 压电陶瓷粉末的形貌和结构如图 2-4 所示，结果同第 2 章。

本章采用水合肼对氧化石墨烯进行还原，水热还原过程中 RGO 由于其疏水性以及 π-π 络合相互作用而自发地附着到聚氨酯海绵的骨架上形成 PU/RGO 泡沫（PGF），采用 X 射线衍射（XRD）、X 射线光电子能谱（XPS）和拉曼光谱对该还原过程进行表征。图 4-2（a）为 GO 和 RGO 的 XRD 图，从图中可以看出，GO 在 10.3° 附近出现一个尖锐的 XRD 峰，对于 RGO，其在 25° 附近出现一个宽的 XRD 峰，表明 GO 的含氧官能团在还原过程中被有效去除，从而成功制备了 RGO。图 4-2（b）为 GO 的 C1s 的 XPS 图，其中位于 284.8 eV、286.6 eV、287.6 eV 和 289.1 eV 的峰位分别属于官能团 C = C/C—C、C—O、C = O 和 O—C = O。图 4-2（c）为 RGO 的 C1s 的 XPS 图，从图中可以看出，所有含氧官能团的峰位都大大降低，其中以 C—O 峰下降最为显著，表明 GO 的含氧官能团在还原过程中被有效去除，恢复石墨的离域共轭 π 键结构，形成 RGO。图 4-2（d）为 GO 和 RGO 的拉曼光谱图，图中位于 1 346 cm^{-1} 的峰位为 D 带，表征由含氧官能团的存在而引起的结构缺陷，位于 1 576 cm^{-1} 的峰位为 G 带，为表征 sp^2- 杂化的碳 - 碳键特征峰。GO 中 D 带与 G 带的面积比为 1.58，还原后得到的 RGO 的 D 带与 G 带的面积比增加至 2.10，根据之前的报道，A(D)/ A(G) 比例的增加表明 GO 还原后形成了更多但更小的 sp^2 碳域。 XRD、XPS 和拉曼光谱的结果表明 GO 可以被水合肼有效还原为 RGO。

如上文所述，压电阻尼复合材料的体积电阻率最好调节至半导体范围内，才能保证外界机械能可以通过机械能 - 电能 - 热能的途径充分耗散掉。根据之前的报道，复合材料体积电阻率一般在 $1\times10^6 \sim 1\times10^8$ Ω·cm 的范围内。本章制备了具有不同石墨烯含量的 PU/RGO 泡沫，以确定导电相的最佳用量。通过场发射扫描电镜（SEM）观察所用聚氨酯泡沫和具有不同石墨烯质量分数的 PU/RGO 泡沫的形貌和结构，如图 4-3 所示。从图中可以看出聚氨酯泡沫和 PU/RGO 泡沫具有三维网络多孔结构，孔径均匀，大小为几百微米。水热还原过程中，RGO 片由于其疏水性以及 π-π 络合相互作用而自发地附着到聚氨酯海绵的骨架上，从样品 PGF-0.1 的 SEM 照片［图 4-3（b）］可以发现，RGO 片散落地分布在 PU 泡沫的骨架上，对于样品 PGF-0.5，PU 泡沫的骨架基本附着有 RGO 片，并且其一部分孔道也被 RGO 片所覆盖［图 4-3（c）］，随着 RGO 质量分数的进一步增加，对于样品 PGF-1，如图 4-3（d）所示，PU 泡沫的大部分孔道被 RGO 片所覆盖，并且有更多的 RGO 片堆积在 PU 泡沫骨架上。随着 RGO 用量的增加，PU/RGO 泡沫的电导率也相应提高。

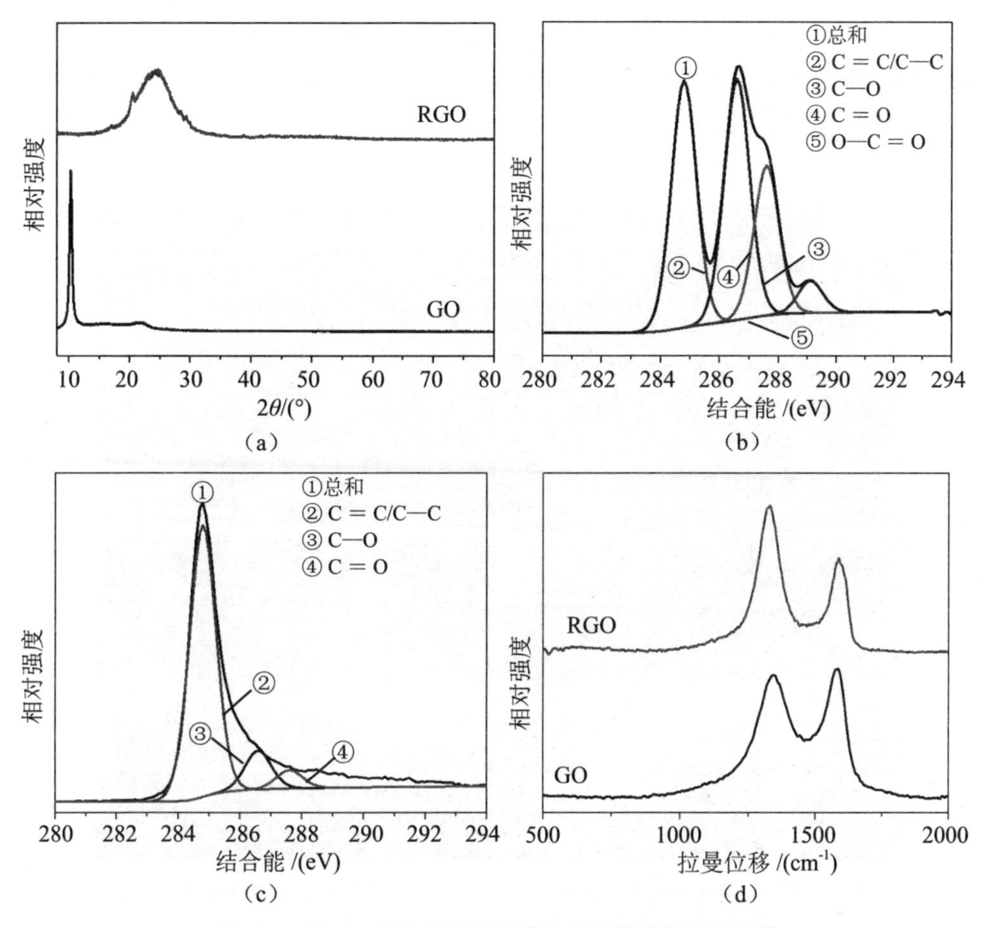

图 4-2　XRD、XPS 和拉曼光谱对该还原过程表征图谱

（a）GO 和 RGO 的 XRD 图；（b）GO 的 C1s 的 XPS 图；（c）RGO 的 C1s 的 XPS 图；（d）GO 和 RGO 的拉曼光谱图

通过向上述 PU/RGO 泡沫填充 PZT 和 PDMS 的混合物（PZT/PDMS 的质量比为 1∶1），可以制备得到具有不同石墨烯质量分数的 PGPP 复合材料，分别测量不同 PGPP 复合材料的体积电阻率以确定最佳石墨烯负载量。具有不同石墨烯质量分数的 PGPP 复合材料的体积电阻率曲线如图 4-4 所示，从图中可以看到，随着石墨烯含量的增加，PGPP 复合材料的体积电阻率逐渐降低，导电相为 PGF-0.1、PGF-0.5 和 PGF-1 的复合材料的体积电阻率值分别为 $1.52\times10^{9}\ \Omega\cdot cm$、$1.7\times10^{7}\Omega\cdot cm$ 和 $1.98\times10^{5}\ \Omega\cdot cm$。根据之前的报道，压电阻尼复合材料的体积电阻率过高或过低都不利于外部机械能通过机械能－电能－热能的途径耗散掉，复合材料体积电阻率最好调节至 $1\times10^{6}\sim1\times10^{8}\ \Omega\cdot cm$ 的半导

体范围内，因此选择 PGF-0.5 泡沫作为后续制备 PGPP 复合材料的导电网络，除此以外，通过计算发现上述制备的 PGPP 复合材料中 RGO/PDMS 的质量分数约为 0.05%，相比较之前的压电阻尼复合材料，导电相的用量大大降低，这在降低经济成本的同时，也有利于保持 PDMS 基体的柔韧性。

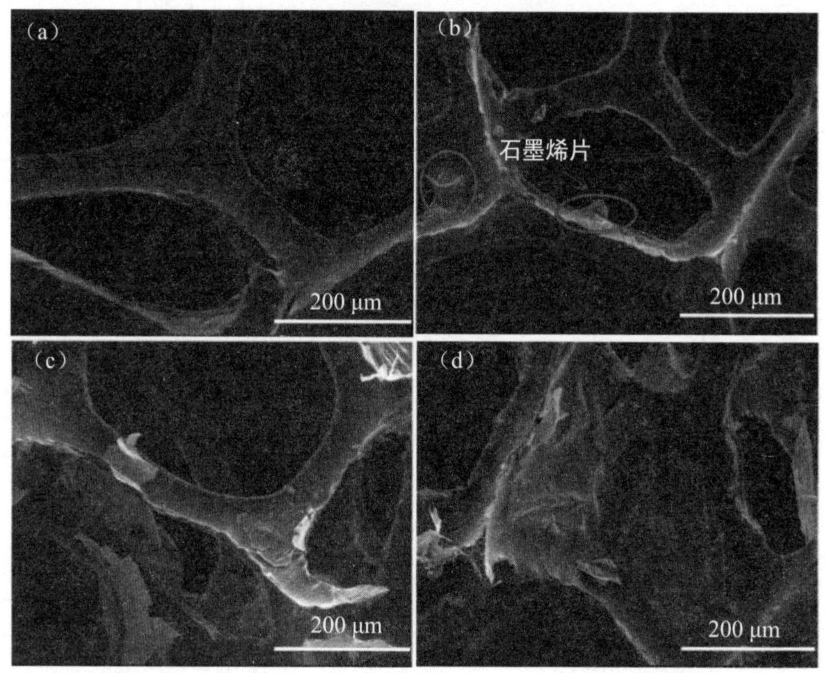

图 4-3　聚氨酯泡沫和具有不同石墨烯质量分数的 PU/RGO 泡沫的形貌和结构

（a）聚氨酯泡沫；（b）0.1 mg/mL PGF（PGF-0.1）；（c）0.5 mg/mL PGF（PGF-0.5）；（d）1 mg/mL PGF（PGF-1）的 SEM 图

采用 PGF-0.5 作为导电网络，制备了具有不同 PZT 压电陶瓷质量分数的 PGPP 复合材料，用 SEM 观察其形貌，如图 4-5 所示。从图中可以看到，具有不同含量 PZT 压电陶瓷的 PGPP 复合材料中，PZT 压电陶瓷都均匀地分布于样品中，并且与聚合物基体具有良好的浸润性，此外，随着 PZT 用量的增加，压电陶瓷逐渐成为 PGPP 复合材料的主相，这更加有利于外部机械能通过压电阻尼效应耗散为热能。

使用高阻计测量具有不同 PZT 压电陶瓷质量分数的 PGPP 复合材料的体积电阻率，结果如图 4-6 所示，从图中可以看出，PGPP-1、PGPP-2、PGPP-4 和 PGPP-6 复合材料的体积电阻率值分别为 1.7×10^7 Ω·cm、7.8×10^7 Ω·cm、6.2×10^7 Ω·cm 和 1.6×10^7 Ω·cm，随着 PZT 压电陶瓷质量分数的增加，PGPP 复合材料的体积电阻率逐渐降低，R_v 均在半导体范围内，从而有利于其外部机械能 - 电能 - 热能的压电阻尼作用的发挥。

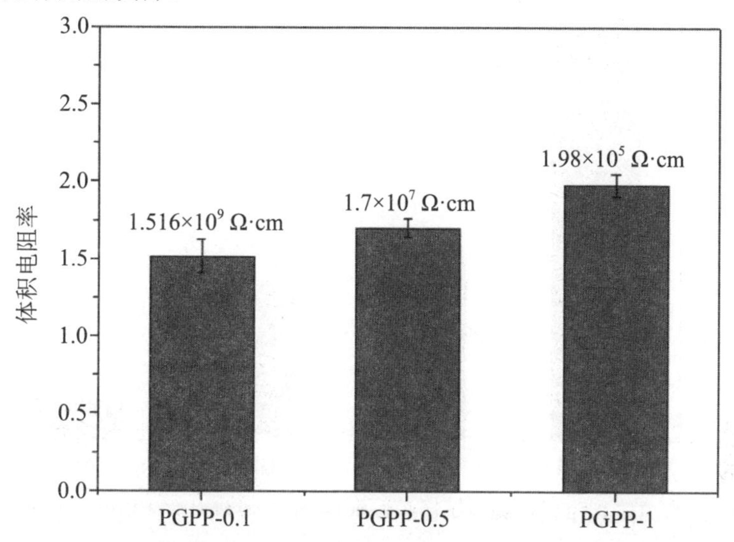

图4-4　具有不同RGO质量分数的PGPP复合材料的体积电阻率曲线（PZT/PDMS的质量比为1:1）

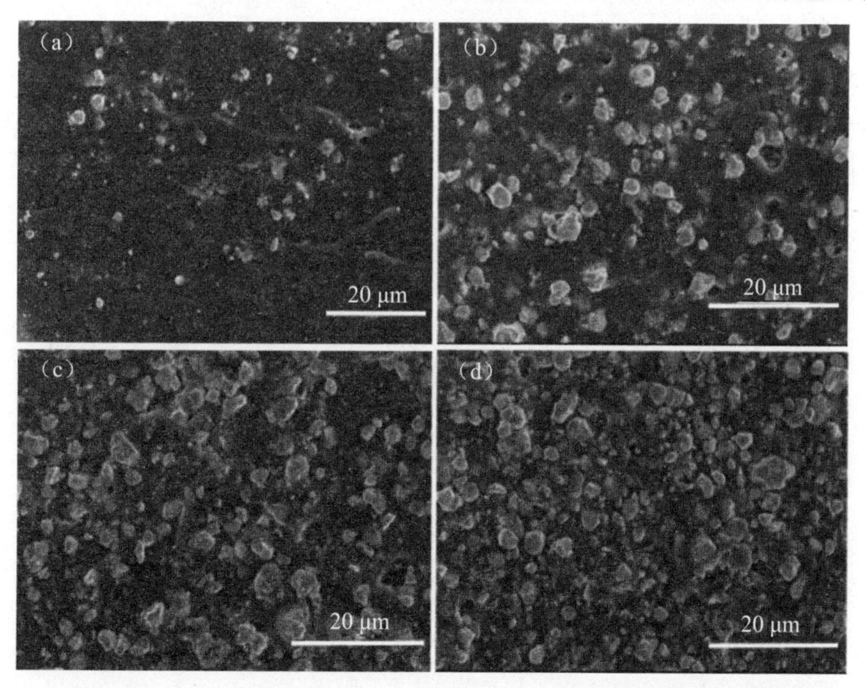

图 4-5　具有不同 PZT 压电陶瓷质量分数的 PGPP 复合材料的 SEM 图片

PZT/PDMS 的质量比为（a）1∶1，（b）2∶1，（c）4∶1 和（d）6∶1

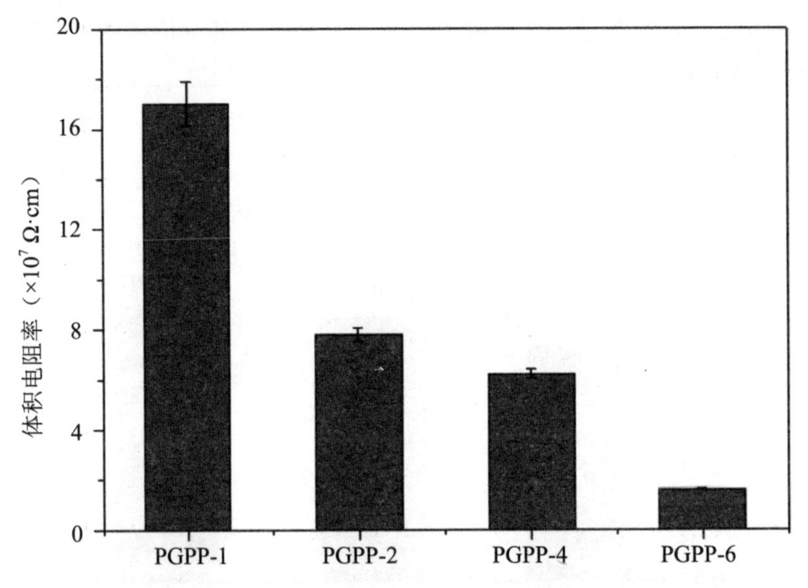

图 4-6　具有不同 PZT 压电陶瓷质量分数的 PGPP 复合材料的体积电阻率变化曲线

图 4-7 为具有不同 PZT 压电陶瓷质量分数的 PGPP 复合材料的压电系数（d_{33}）变化曲线，结果表明，随着 PZT 压电陶瓷质量分数的增加，复合材料的压电系数逐渐增加，PGPP-1、PGPP-2、PGPP-4 和 PGPP-6 复合材料的 d_{33} 值分别为 8 pC/N、13 pC/N、23 pC/N 和 30 pC/N，压电系数值越大，越有利于复合材料通过压电阻尼作用将更多的外界机械能转化为热能而耗散掉。

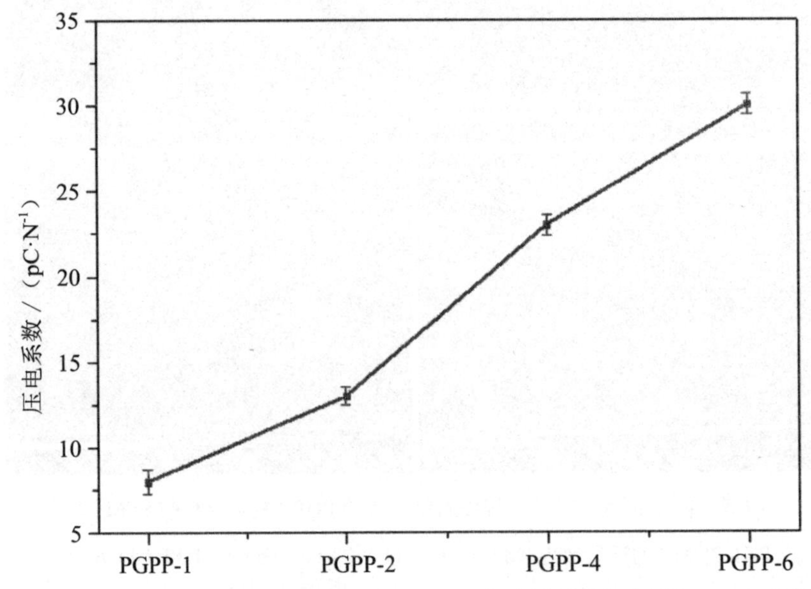

图 4-7　具有不同 PZT 压电陶瓷质量分数的 PGPP 复合材料的压电系数（d_{33}）变化曲线

4.3.2　PGPP 复合材料的动态机械性能

PDMS 基体和具有不同 PZT 压电陶瓷质量分数的 PGPP 复合材料的阻尼性能由动态机械分析仪（DMA）测量并同时记录其储能模量（E'）、损耗模量（E''）和损耗因子（$\tan\delta$）值，实验结果列于表 4-2。

表 4-2　具有不同 PZT 质量分数的 PGPP 复合材料在 1 Hz，−70～50 ℃温度范围内的阻尼性能

样品	储能模量（E'）/MPa	损耗模量（E''）/MPa	损耗因子（$\tan\delta$）	T_g/℃	温度变化范围 (ΔT)/℃ $\tan\delta>0.3$
PDMS	4.82	1.31	0.24	−51.2	0
PGPP-1	5.80	1.52	0.31	−38.1	−44.1～−31.5 (12.6)
PGPP-2	7.41	2.34	0.32	−39.7	−70～−29.1 (40.9)
PGPP-4	8.95	3.76	0.41	−45	−70～0.4 (70.4)
PGPP-6	9.15	4.12	0.45	−41.2	−70～9.8 (79.8)

图 4-8（a）为 PDMS 基体和具有不同 PZT 压电陶瓷质量分数的 PGPP 复合材料的 E' 值随温度变化曲线。储能模量是评估材料的承受载荷能力的重要参数，高的 E' 值表明材料具有较高的刚度。从图中可以看出，所有的 PGPP 复合材料都具有比 PDMS 基体更高的储能模量，并且随着 PZT 压电陶瓷质量分数的增加，PGPP 复合材料的储能模量值逐渐提高，从表 4-2 可以看出，PDMS、PGPP-1、PGPP-2、PGPP-4 和 PGPP-6 复合材料在 20 ℃时的 E' 值分别为 4.82 MPa、5.80 MPa、7.41 MPa、8.95 和 9.15 MPa，表明 PGPP 复合材料具有比 PDMS 基体更好的机械性能。PGPP 复合材料具有较高的 E' 值可归因如下：三维网络结构的石墨烯片以及高模量 PZT 压电陶瓷颗粒的添加均有利于提高 PGPP 复合材料的刚度。PGPP-6 复合材料具有最高的储能模量值，其 E' 值比 PDMS 基体增加了约 89.8 %。

图 4-8（b）为 PDMS 基体和具有不同 PZT 压电陶瓷质量分数的 PGPP 复合材料的损耗模量值随温度变化曲线。损耗模量（E''）是材料在机械形变下每循环单位所耗散能量的量度，用于表征材料的黏度。表 4-2 中，PDMS 基体、PGPP-1、PGPP-2、PGPP-4 和 PGPP-6 复合材料的 E'' 值分别为 1.31 MPa、1.52 MPa、2.34 MPa、3.76 MPa 和 4.12 MPa，结果显示，所制备的 PGPP 复合材料具有比 PDMS 基体更高的 E'' 值，表明 PGPP 复合材料可以将更多的外界振动和噪声等机械能转化为热能耗散掉。此外，随着 PZT 压电陶瓷质量分数的增加，PGPP 复合材料的 E'' 值也逐渐提高，当 PZT 压电陶瓷与 PDMS 基体质量比为 6∶1 时，PGPP-6 复合材料具有最高的损耗模量值，其 E'' 值比 PDMS 基体增加了约 214.5 %。

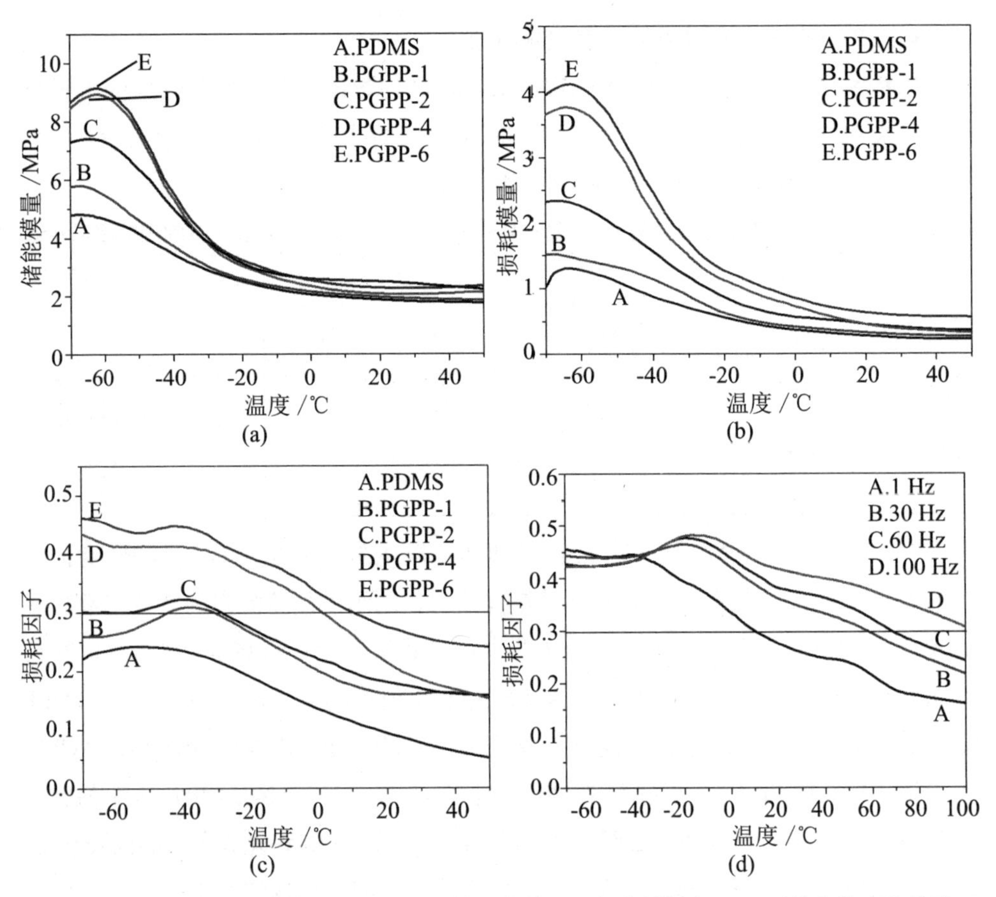

图 4-8（a）PDMS 基体和具有不同 PZT 含量的 PGPP 复合材料在 1 Hz 下的参数变化曲线

（a）储能模量；（b）损耗模量；（c）损耗因子随温度变化曲线；

（d）PGPP-6 复合材料在不同频率下的损耗因子随温度变化曲线

高的 tanδ 值表明材料具有更好的能量耗散能力。通常情况下，要求工程阻尼材料的损耗因子值应大于 0.3 并且 tanδ > 0.3 的温域应尽可能宽。图 4-8（c）为 PDMS 基体和具有不同 PZT 压电陶瓷质量分数的 PGPP 复合材料的损耗因子值随温度变化曲线。从图中可以看到，在 −70 ~ 50 ℃ 的温度范围内，相比较 PDMS 基体而言所有 PGPP 复合材料的损耗因子值都有了较大提高。在低于玻璃化温度的区域范围内，聚合物基体大分子链处于冻结状态，PGPP 复合材料阻尼性能的提高主要归因于外界机械能 - 电能 - 热能的压电阻尼效应和填料 - 填料与填料 - 基体之间的内部摩擦耗能。当 PGPP 复合材料受到外部动态力作用时，复合材料产生一定的形变，一部分外界机械能通过 PZT 压电陶瓷的压电效应转化为电能，然后电流在流经复合材料内的 PU/RGO 导电网络时转化为热能而耗散掉，在此过程中，复合材料内部还存在丰富的填料－填料边界滑动摩擦和填料－基体界面滑动摩擦，也可以将一部分外界机械能转化为热能耗散掉。

PGPP 复合材料的阻尼性能受 PZT 压电陶瓷质量分数的影响很大，如表 4-2 所示，PDMS 基体、PGPP-1、PGPP-2、PGPP-4 和 PGPP-6 在 T_g 处的 $\tan\delta$ 值分别为 0.24、0.31、0.32、0.41 和 0.45，结果表明所制备的 PGPP 复合材料具有比 PDMS 基体更高的损耗因子值，并且其随着 PZT 压电陶瓷含量的增加而逐渐提高，这是由于在玻璃化温度附近，聚合物大分子链吸收了一定的能量开始运动，从而使大分子链段与 PZT 压电陶瓷颗粒和石墨烯之间的界面摩擦耗能大大增加，不仅如此，填料－填料之间的边界摩擦耗能也随着大分子链段的运动大大增加，因此可以将一部分外界机械能转化为热能耗散掉；另一方面，在外界动态力作用下，复合材料内的外界机械能－电能－热能的压电阻尼效应也可以将一部分外界机械能转化为热能耗散掉，因此在 T_g 处 PGPP 复合材料具有比 PDMS 基体更高的损耗因子值。当温度升高到 T_g 以上时，聚合物的大分子链吸收足够的能量可以自由运动，材料的机械能耗散能力大大降低，损耗因子急剧下降，但由于上述压电阻尼效应以及内部摩擦耗能使得 PGPP 复合材料的 $\tan\delta$ 值仍然高于 PDMS 基体的 $\tan\delta$。当 PZT 压电陶瓷与 PDMS 基体质量比为 6∶1 时，PGPP-6 复合材料具有最高的损耗因子值，在 T_g 处其 $\tan\delta$ 值比 PDMS 基体的 $\tan\delta$ 值增加了约 87.5 %，并且其 $\tan\delta > 0.3$ 的温度范围为 −70 ~ 9.8 ℃，表明 PGPP-6 复合材料可以用作良好的工程阻尼材料。

由表 4-2 可以看出，所制备 PGPP 复合材料的玻璃化转变温度相比较 PDMS 基体均向高温方向移动。对于 PGPP 复合材料，可能影响其 T_g 值的因素如下：一方面，在 PDMS 基体中添加压电相和导电相填料会降低 PDMS 基体的交联密度，从而导致复合材料玻璃化转变温度降低，这是由于填料的引入干扰了 PDMS 单体和交联剂之间的化学计量固化反应。另一方面，PZT 压电陶瓷颗粒填料表面上的羟基可在高温固化过程中与环氧树脂单体发生反应形成一定的化学键接，从而限制聚合物高分子链在与填料相界面接触处的流动性，且大量无机填料的添加会大大降低复合材料内高分子运动的自由体积而使大分子链运动受限，从而使 PGPP 复合材料的 T_g 值提高至较高的温度。如以前报道所述，PGPP 复合材料的玻璃化转变温度值最终取决于上述的影响固化反应降低 T_g 值和限制高分子链运动提高 T_g 值两个因素的平衡作用。对于 PGPP 复合材料来说，聚合物大分子链的流动性受到限制作用更为明显，因此导致其 T_g 值比 PDMS 基体提高。

由于频率直接影响到聚合物高分子链的运动性能，因此频率对聚合物的阻尼性能影响较大，图 4-8（d）为在 PGPP-6 复合材料在不同频率下的损耗因子随温度变化曲线。从图中可以看出，PGPP-6 复合材料的玻璃化转变温度随着频率的增加而相应有了较大的提高，根据聚合物的时间 - 温度等效原理，高聚物的同一力学松弛现象可以在较高的温度、较短的时间（或较高的作用频率）下观察到，也可以在较低的温度、较长时间内（或较低的作用频率）观察到。根据该理论，聚合物的玻璃化转变温度可以在较高的温高和较高的频率下，也可以在较低的温度和较低的频率下观察到，因此当频率增加时，PGPP-6 复合材料的玻璃化转变温度向高温方向移动。除此以外，PGPP-6 复合材料的损耗因子也随着频率的增加而相应提高，从表 4-3 可以看到，PGPP-6 复合材料在 30 Hz 下的 $\tan\delta > 0.3$ 的温度范围为 −70 ~ 57 ℃，在 60 Hz 下的 $\tan\delta > 0.3$ 的温度范围为 −70 ~ 68 ℃，在 100 Hz 下 $\tan\delta > 0.3$ 的温度范围提高至 −70 ~ 100 ℃，由此可以看到，在高频工作环境下，PGPP-6 复合材料的有效阻尼温域覆盖了大部分工程材料的作业温度范围，因此可以用作宽温域宽频率的性能优良的阻尼材料。

表 4-3　PGPP-6 复合材料在 −70 ~ 100 ℃ 的温度范围内不同频率下的阻尼性能

频率 /Hz	损耗因子（$\tan\delta$）	T_g/℃	温度变化范围 (ΔT)/℃，$\tan\delta$>0.3
1	0.45	−41.2	−70 ~ 9.8 (79.8)
30	0.46	−19.8	−70 ~ 57 (127)
60	0.47	−18.6	−70 ~ 68 (138)
100	0.48	−16.2	−70 ~ 100 (170)

4.3.3　PGPP 复合材料的耗能机理

为了进一步研究压电阻尼的作用机理，本章制备了 PZT/PU/PDMS（PZT/PDMS 的质量比为 6∶1）复合材料，命名为 PGPP-6s。由于 PGPP 复合材料中由 PZT 压电陶瓷的压电效应所产生的电流是流经 RGO 半导体导电网络转化为热能而耗散的，因此在 PGPP-6 复合材料的基础上制备了 PGPP-6s，其差异在于复合材料 PGPP-6s 中不存在 RGO 导电相，通过比较两种复合材料的阻尼性能，有助于研究复合材料中压电阻尼效应的作用机理。

图 4-9 为 PDMS 基体、PGPP-6s 和 PGPP-6 复合材料在 1 Hz 下的损耗因子随温度变化曲线。从图中可以看出，PGPP-6s 和 PGPP-6 复合材料的损耗因子值相比较 PDMS 基体都有了较大的提高，此外，PGPP-6 具有比 PGPP-6s 复合材料更好的阻尼性能。对 PGPP-6s 复合材料，其最大损耗因子值为 0.39，且 $\tan\delta > 0.3$

的温度范围为 −70 ~ −4.5 ℃（ΔT = 65.5 ℃），对于 PGPP−6 复合材料，其最大损耗因子为 0.45，且 $\tan\delta > 0.3$ 的温度范围为 −70 ~ 9.8 ℃（ΔT = 79.8 ℃），研究结果表明，PGPP-6 具有比 PGPP-6s 复合材料更高的损耗因子值和更宽的有效阻尼温域。对于 PGPP-6s 复合材料，其相比较 PDMS 基体明显提高的阻尼性能主要是由压电陶瓷颗粒的添加所导致的填料 - 填料和填料 - 基体之间的摩擦耗能所致的，对于 PGPP-6 复合材料，除了摩擦耗能以外，还具有外界机械能 - 电能 - 热能的压电阻尼耗能，因此可以将更多的外部机械能转化为热能耗散掉，从而使 PGPP-6 具有比 PGPP-6s 复合材料更好的阻尼性能。这一现象表明，复合材料只有在合适的电导率下，压电陶瓷的压电效应所产生的电流才能被有效转化为热能而耗散掉，从而证明了压电阻尼机理的作用，可以为今后制备高阻尼复合材料提供指导。

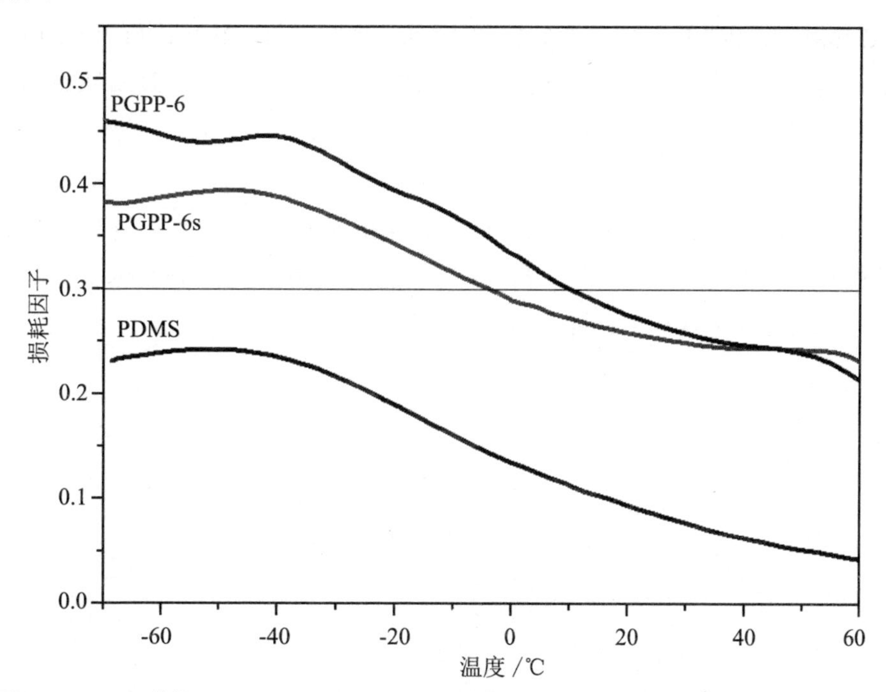

图 4-9　PDMS 基体、PGPP-6s（PZT/PDMS 质量比为 6∶1 的 PZT/PU/PDMS 复合材料）和 PGPP-6 复合材料在 1 Hz 下的损耗因子随温度变化曲线

4.4　本章小结

（1）采用三维网络结构的 PU/RGO 泡沫作为导电相，利用真空辅助填充方

法向泡沫内灌注 PZT/PDMS 混合物制备得到 (PU/RGO)/PZT/PDMS（PGPP）压电阻尼复合材料。泡沫结构可以保证石墨烯片在材料内均匀分布，有利于压电阻尼作用的充分发挥。当 RGO/PDMS 的质量分数仅约为 0.05% 时，就可以达到复合材料的渗流阈值，从而导电相的用量大大降低，有利于降低经济成本和保持 PDMS 基体的柔韧性。

（2）PGPP 压电阻尼复合材料的储能模量（E'）和损耗模量（E''）值相比较 PDMS 基体都有了较大的提高，且都随着 PZT 质量分数的增加而逐渐升高，其可归因于高模量 PZT 压电陶瓷和石墨烯片的添加。PGPP-6 复合材料具有最高的储能模量和损耗模量值，其比 PDMS 基体分别提高了约 89.8% 和 214.5%。

（3）由于压电阻尼以及界面摩擦耗能，PGPP 压电阻尼复合材料的损耗因子（$\tan\delta$）值相比较 PDMS 基体有了较大的提高，且随着 PZT 压电陶瓷含量的增加而逐渐升高，PGPP-6 复合材料具有最高的损耗因子值，其 $\tan\delta$ 值比 PDMS 基体增加了约 87.5%，并且 $\tan\delta > 0.3$ 的温度范围为 −70 ~ 9.8 ℃，表明 PGPP-6 可用作性能良好的工程阻尼材料。

（4）PGPP-6 复合材料的损耗因子值随着频率的增加而逐渐升高，其在 100 Hz 下 $\tan\delta > 0.3$ 的温度范围提高至 −70 ~ 100 ℃，结果表明在高频工作环境下，PGPP-6 的有效阻尼温域覆盖了大部分工程材料的作业温度，因此可以用作宽温域宽频率下的性能优良的表面包覆阻尼材料。

第 5 章　PEGA 复合材料的制备及其阻尼、热稳定性和机械性能

5.1　引言

阻尼材料可以吸收外界机械能并将其转化为热能耗散掉，从而有效减少振动和噪声。高分子材料由于其良好的黏弹性以及加工性能是目前应用最广泛的阻尼材料，由于其主要依靠在 T_g 附近大分子链段之间的相对摩擦运动而耗能，因此单一的高分子材料阻尼温域较窄，一般为 $T_g \pm (10 \sim 15)$ ℃。通常用损耗因子（$\tan\delta$）来表征材料的阻尼性能，$\tan\delta$ 值越大，$\tan\delta > 0.3$ 的温度范围越宽，表明材料的阻尼性能越好，一般对工程类阻尼材料而言，$\tan\delta > 0.3$ 的温度范围应为 60 ~ 80 ℃。拓宽聚合物玻璃化转变温域的方法主要有以下几种。

（1）加入增塑剂或填料；

（2）共混或嵌段、接枝共聚；

（3）生成互穿聚合物网络（IPN）。

IPN 是一种由两种或两种以上聚合物通过互穿或相互缠结形成的聚合物合金，是目前制备具有宽 T_g 范围和优异阻尼性能材料的最有前途的技术。Qin 等制备了一系列的聚氨酯（PU）/ 乙烯基酯树脂（VER）IPN 和梯度互穿聚合物网络，当采用异丁酸丁酯作为 VER 的共聚单体，PU/VER 梯度 IPN 的每层组分质量比分别为 50∶50、60∶40、70∶30 且每次固化间隔时间为 3 h 时，复合材料的 $\tan\delta > 0.3$ 的温度范围为 −57 ~ 90 ℃，$\tan\delta > 0.5$ 的温度范围可达 −36 ~ 54 ℃。聚氨酯（PU）/ 环氧树脂（EP）IPN 由于结合了聚氨酯高阻尼性能和环氧树脂高机械性能的优点，在以往的报道中得到了广泛研究。Lv 等利用自动分层机制制备了一种新型连续梯度 PU/EP IPN 材料，结果表明其 $\tan\delta > 0.3$ 的温度范围为 7.18 ~ 124.87 ℃，最大损耗因子值为 0.67。由于 PU 聚合物的模量和热稳定性均不高，导致制备的 PU/EP IPN 材料的机械和热稳定性能都较环氧树脂大大降低，

因此对于其作为结构阻尼材料使用将产生不利的影响。

目前石墨烯片被广泛用作纳米填料加入聚合物基体中，如环氧树脂、聚苯乙烯、聚碳酸酯、聚氨酯、聚酰亚胺和聚丙烯等，以提高其热稳定性或机械性能，并取得了优异的成果，这可归因于石墨烯片具有大的比表面积以及优异的导热性和杨氏模量。纳米填料在聚合物基质中的分散性是影响复合材料机械性能、热性能和其他性能的关键所在。石墨烯应用的关键问题之一在于石墨烯片之间强烈的 π-π 络合相互作用会导致其在基体中的分散性能较差，进而影响复合材料总体性能。由石墨烯片构建三维石墨烯网络可以有效解决上述问题。此外，三维石墨烯网络仍然保持石墨烯片的超级性能，许多报道研究了石墨烯气凝胶在电磁波吸收、电池、超级电容器以及催化等领域的应用，结果表明三维石墨烯网络与石墨烯片相比表现出更好的性能。

本章使用三维网络结构的石墨烯气凝胶作为添加相，用真空辅助填充方法向其中灌注 PU/EP 混合物而制备得到石墨烯增强的 PU/EP IPN 复合材料，并系统研究了不同 PU 质量分数对 PEGA 复合材料的形貌、结构、阻尼、热稳定性和机械性能的影响，对相关机理进行了详细讨论。

5.2 实验部分

5.2.1 试剂与原料

本章实验所用化学试剂和原料列于表 5-1，所有化学试剂都是直接使用，未进行任何处理。

表 5-1 实验化学试剂和原料

名称及缩写	规格或型号	生产商
硝酸钠 ($NaNO_3$)	AR，≥ 99.0%	国药集团化学试剂有限公司
高锰酸钾 ($KMnO_4$)	AR，≥ 99.5%	国药集团化学试剂有限公司
浓硫酸 (H_2SO_4)	AR，95.0% ~ 98.0%	国药集团化学试剂有限公司
盐酸 (HCl)	AR，36.0% ~ 38.0%	国药集团化学试剂有限公司
双氧水 (H_2O_2)	AR，≥ 30.0%	国药集团化学试剂有限公司
水合肼 ($H_4N_2 \cdot H_2O$)	AR，≥ 85.0%	国药集团化学试剂有限公司
丙酮 (CH_3COCH_3)	AR，≥ 99.5%	国药集团化学试剂有限公司
石墨粉 (Graphite)	800 目，固定碳含量≥ 99%	青岛华泰润滑密封科技有限责任公司
双组份聚氨酯 130T-A 型	黏度（25 ℃）：1 500 mPa·s； 密度（25 ℃）：1.1 g/cm^3	奥斯邦（中国）有限公司

续表

名称及缩写	规格或型号	生产商
环氧树脂 E51 型（EP）	环氧值：0.51 ~ 0.54 eq/100g; 黏度（25 ℃）：12 ~ 14 Pa·s	上海树脂厂有限公司
聚（乙二醇） 二缩水甘油醚 (PEGGE)	环氧值：0.56 ~ 0.67 eq/100g; 黏度（25 ℃）：20 ~ 30 mPa·s	苏州市森菲达化工有限公司
聚醚胺 D-400	Mn ~ 400	阿拉丁试剂（上海）有限公司
4，4′- 二氨基二苯基甲烷 (DDM)	分析纯，≥ 97%	上海麦克林生化科技有限公司
去离子水 (DI H_2O)	$R > 17$ MΩ	超纯水机生产

5.2.2　氧化石墨烯的制备

采用改进的 Hummers 方法制备氧化石墨烯（GO）。首先，将 1 g 石墨粉、46 mL 浓 H_2SO_4 与 0.5 g $NaNO_3$ 放入 250 mL 的三口烧瓶中，并在冰水浴以 20 r/min 的转速搅拌 30 min。随后将 1.5 g $KMnO_4$ 慢慢加入上述体系中，搅拌 30 min 后，再加入另外 1.5 g $KMnO_4$，继续搅拌 30 min，加入过程将瓶内温度保持在 20 ℃ 左右。随后升高反应体系温度至 40 ℃ 并继续搅拌 1 h，此时瓶内石墨粉已变成黏稠的淤泥状。将水浴锅温度升高至 100 ℃，并向烧瓶内加入 92 mL 去离子水，此时体系会发生剧烈氧化反应，颜色由棕灰色变为明黄色。反应完成后，向三口烧瓶内滴加质量分数为 35 % 的双氧水，如果没有颜色变化说明体系内已经没有未反应的 $KMnO_4$。向三口烧瓶内加入 140 mL 去离子水继续稀释反应体系。最后，将混合液进行抽滤，并用质量分数为 7 % 的盐酸溶液冲洗滤饼。在 60 ℃ 下进行烘干处理即可获得氧化石墨烯（GO）。

5.2.3　石墨烯气凝胶的制备

采用水热还原自组装的方法制备得到石墨烯气凝胶（RGO aerogel），首先，将一定量的氧化石墨（120 mg）加入 20 mL 的去离子水中，在室温下超声 30 min 使 GO 完全溶解得到亮黄色澄清透明溶液，然后向上述溶液中逐滴加入水合肼溶液（300 μL）并搅拌 15min，使其混合均匀。随后将上述混合物倒入 25 mL 的玻璃瓶内，密封，放置于 95 ℃ 的烘箱中加热 12 h，GO 在此还原过程中由于石墨烯的疏水性以及 π-π 络合相互作用自组装为石墨烯水凝胶。将石墨烯水凝胶取出，用酒精和去离子水洗涤数次去除杂质，冷冻干燥 48 h 得到石墨烯气凝胶。

5.2.4　PEGA 复合材料的制备

环氧 E51 单体和聚异氰酸酯在使用之前放于 80 ℃ 的烘箱中预烘 6 h。将一定量的 DDM 溶解于少量丙酮溶剂中，并在 70 ℃ 的烘箱中加热 30 min 使其完全溶解，得到亮黄色澄清透明溶液。聚氨酯（PU）/ 环氧树脂（EP）填充石墨烯气凝胶（PEGA）复合材料的制备过程如图 5-1 所示。首先，将质量分数为 11.1% 的 PU A 组分（PU-a，聚异氰酸酯）和质量分数为 80% 的环氧 E51 单体加入一定量的丙酮溶剂中，室温下搅拌 60 min 使其完全溶解并混合均匀；其次，将质量分数为 8.9% 的 PU B 组分（PU-b，聚多元醇酯）加入上述溶液中，继续搅拌 60 min 至完全溶解，将一定量的 PEGGE、聚醚胺 D-400 和 DDM 加入上述混合物中，并继续搅拌 30 min 使其混合均匀；再次，将该混合液倒入上述制备的石墨烯气凝胶内，并在 80 ℃ 下真空脱气 2 h 以去除混合物中的气泡和丙酮溶剂；最后，将该混合物在 80 ℃ 2 h + 120 ℃ 2 h 条件下固化完全得到 PEGA-20 复合材料（PU/EP 的质量比为 20∶80）。通过改变 PU/EP 的质量比分别为 40∶60 和 50∶50，采用上述步骤就可以制备得到 PEGA-40 和 PEGA-50 复合材料。制备过程中所用聚氨酯 PU-a/PU-b 组分的质量比为 5∶4，且 E51、PEGGE、DDM 和 D-400 的质量比始终为 9∶1∶1.45∶0.73。纯的环氧树脂、PU/EP-20、PU/EP-40 和 PU/EP-50 的 PU/EP 互穿聚合物网络（IPNs）样品也分别制备得到用于对比实验。

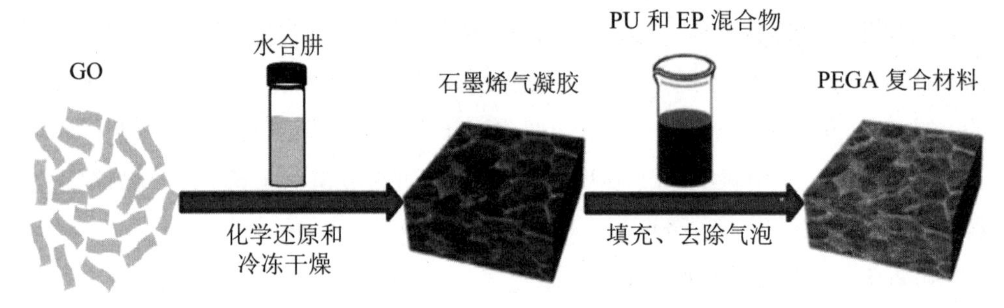

图 5-1　PEGA 复合材料的制备过程示意图

5.2.5　样品表征

采用型号为 Rigaku D/MAX255 的 X 射线衍射仪（XRD）表征样品的结构，测试条件为 Cu 靶 Kα 射线，扫描电压为 35 kV，电流为 200 mA，扫描速度为 5 °/min，扫描范围为 8° ~ 80°。采用型号为 FEI Sirion 200 的场发射扫描电镜（SEM）观察样品的形貌，样品表面溅射 Pt 薄层用于传导表面电子。采用型号为 Kratos AXIS ULTRA DLD 的 X 射线光电子能谱仪（XPS）测定样品中的元素组成及价态。拉曼光谱（Raman spectra）采用型号为 SENTERRA R200 的拉曼光谱仪测量，使用波长为 532 nm。采用型号为 Auto sorb IQ 的设备进行 N_2 吸附 - 脱附测试来测定样品的比表面积和孔径分布，比表面积采用 Brunauer-Emmett-

Teller（BET）法计算。采用热重分析仪（TGA，PerkinElmer，Pyris 1 TGA）来研究样品的热解过程，测试条件为在 N_2 气氛下以 10 ℃/min 的加热速率由室温加热至 800 ℃。

动态机械性能测试所用设备型号为 DMA Q800，采用拉伸模式，测试样品尺寸为 20 mm × 8 mm × 2 mm，测试频率为 1 Hz，测试温度范围为 -15 ~ 100 ℃，升温速率为 5 ℃/min，可以由测试结果得到复合材料的储能模量（E'）、损耗模量（E''）和损耗因子（$\tan\delta$）值。

拉伸性能测试使用万能试验机（BTC-T1-FR020 TN. A50，Zwick，GER），根据 ASTM D-638 标准，测试样品尺寸为 60 mm × 10 mm × 3 mm 的哑铃状，其中狭窄区域的长度为 10 mm，拉伸速率为 5 mm/min，所用数据为至少五个样品的平均值。

弯曲性能测试使用万能试验机（BTC-T1-FR020 TN. A50，Zwick，GER），根据 ASTM D-790 标准采用三点弯模式，样品尺寸为 50.8 mm× 12.7 mm× 3.0 mm，支点跨距为 25.4 mm，弯曲速度为 2 mm/min，所用数据为至少五个样品的平均值。

硬度测试采用邵氏 D 型硬度计，测量标准采用 DIN EN ISO 868，样品尺寸为 50 mm× 10 mm× 3 mm，所用数据为至少五个数值的平均值。

5.3　实验结果与讨论

5. 3. 1　结构与形貌分析

本章采用水合肼还原氧化石墨烯，还原过程通过 XRD、XPS 和拉曼光谱进行表征，如图 4-2 所示，结果同第 4 章。

图 5-2 为所制备石墨烯气凝胶的 N_2 吸附－脱附等温线和相应的 DFT 孔径分布图，从图 5-2（a）中可以看到石墨烯气凝胶的 N_2 吸附－脱附等温线为Ⅱ型滞后回路，表明气凝胶内孔径为具有较宽孔径分布的介孔体系，其 BET 比表面积约为 122.6 m^2/g。图 5-2（b）为石墨烯气凝胶的 DFT 孔径分布图，结果表明，其孔径为大部分分布在 2.5~ 20.0 nm 的介孔结构，峰值孔径约为 2.8 nm。

用场发射扫描电镜（SEM）观察所制备石墨烯气凝胶的形貌和结构，如图 5-3 所示。图 5-3（a）为所制备的石墨烯气凝胶的照片，实验结果表明，根据调变制备水凝胶时所用容器的形状和大小，可以根据实际应用需要制备出不同形状和尺寸的石墨烯气凝胶。从 SEM 图可以看出石墨烯气凝胶为三维网络多孔结构，孔径大小为几微米到几百微米，孔壁由极薄的石墨烯片层组成。

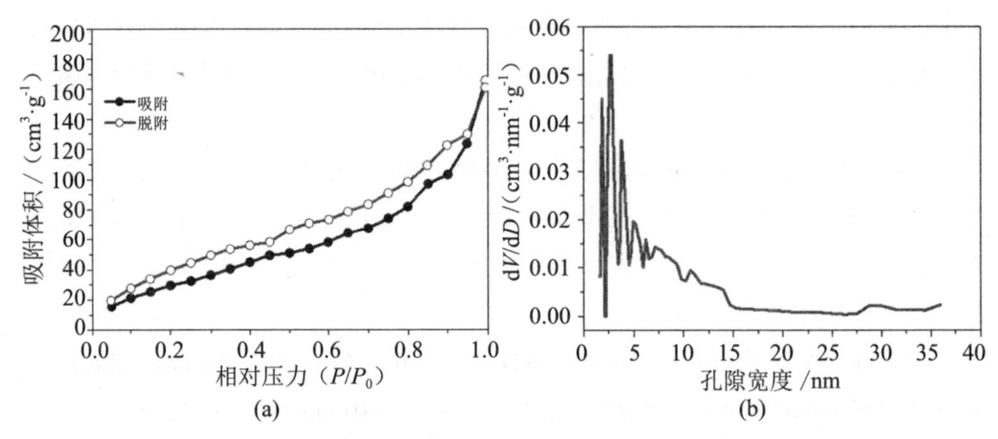

图 5-2 石墨烯气凝胶的（a）N_2 吸附 - 脱附等温线和（b）孔径分布图

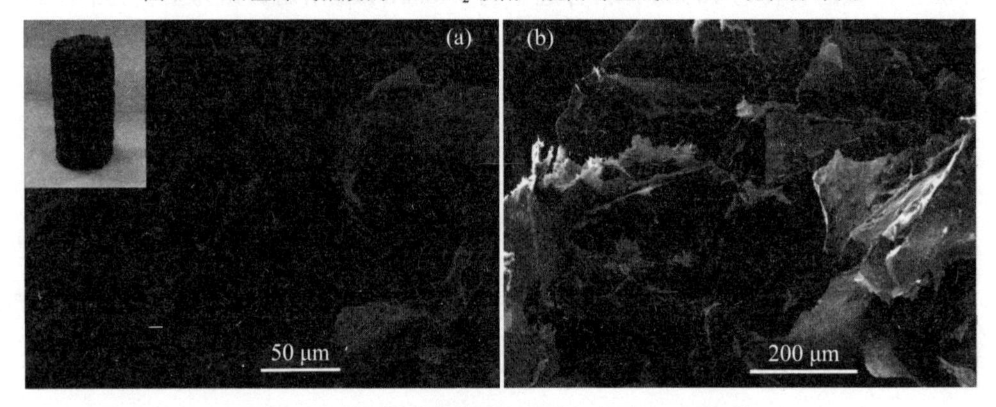

图 5-3 所制备的石墨烯气凝胶的照片和 SEM 图

采用场发射扫描电镜（SEM）观察所制备的环氧树脂，PU/EP IPNs 和 PEGA 复合材料的表面和断面形貌，如图 5-4 和图 5-5 所示。从图中可以看出，环氧树脂为单一均匀相，加入聚氨酯后，PU/EP IPNs 形貌呈现“海 - 岛”状分布，其中环氧树脂为连续相，球状的聚氨酯为分散相。随着聚氨酯含量的增加，球状聚氨酯颗粒逐渐增多。聚氨酯颗粒均匀地分布于环氧树脂基体中，颗粒直径为 1 μm 左右。除此以外，聚氨酯和环氧树脂两相之间有很强的界面结合力，对于聚氨酯增韧环氧树脂来说非常重要，同时两相之间存在一定的相界面，说明两相不是分子水平的互穿聚合物网络结构，这是获得良好阻尼性能的必要条件。

从环氧树脂、PU/EP IPNs 和 PEGA 复合材料的断面形貌 SEM 图中可以看出，纯环氧树脂为具有脆性特征的光滑断裂表面，当添加聚氨酯以后，PU/EP IPN 的断裂表面变得粗糙和不均匀，为韧性断裂特征。通过向石墨烯气凝胶中填充 PU/EP IPNs 制备得到 PEGA 复合材料，从图中可以看出，在 PEGA 复合材料中，石墨烯片均匀地分散在 PU/EP 基体中，并且石墨烯纳米片呈三维网络结构分布在聚合物基体中，而不仅仅是平行于聚合物表面排列。从断面 SEM 图可以看出，PEGA 复合材料断面形貌粗糙不均匀，为韧性断裂，并且大部分拔出的石墨烯纳米片表面都包覆有 PU/EP 聚合物，这可归因于石墨烯片和聚合物基体之间较强的界面结合力和良好的相容性。石墨烯片和聚合物基体之间强烈的相互作用有利于应力从聚合物基体向石墨烯片的转移，与纯 PU/EP IPN 材料相比，PEGA 复合材料的力学性能得到明显提高，与其他石墨烯片改性聚合物报道中的结果相似。

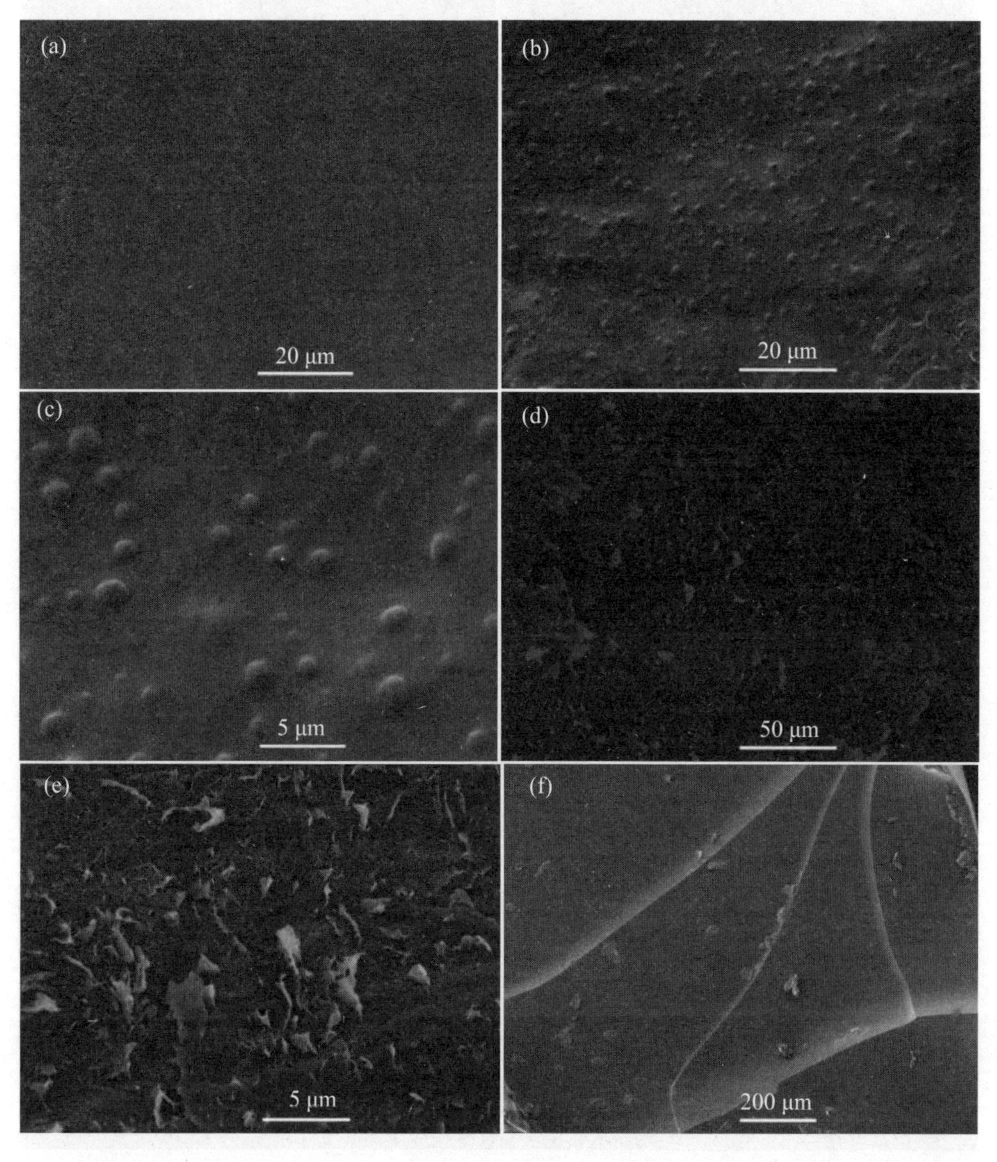

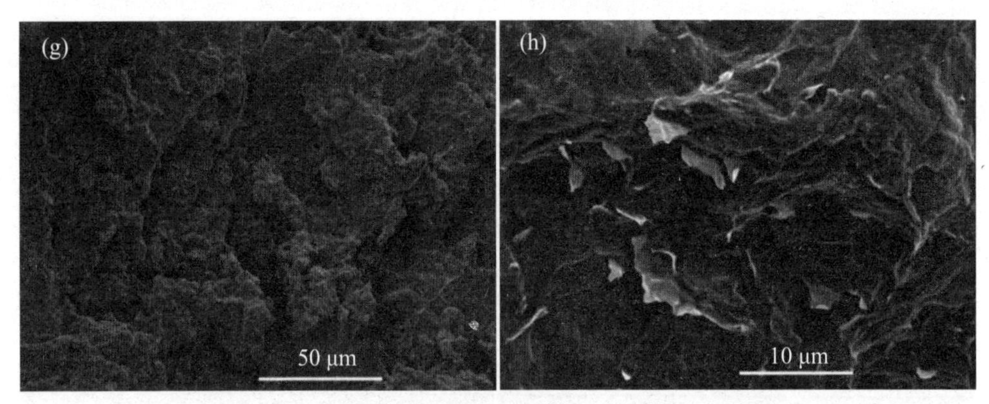

图 5-4　环氧树脂、PEGA-40 及其复合材料的 SEM 图片

（a）环氧树脂的表面；（b）（c）PU/EP-40 的表面；（d）（e）PEGA-40 复合材料的表面；

（f）环氧树脂的断面；（g）PU/EP-40 的断面；（h）PEGA-40 复合材料的断面

5.3.2　PEGA 复合材料的动态机械性能

环氧树脂基体、PU/EP IPNs 和 PEGA 复合材料的阻尼性能由动态机械分析仪（DMA）测量并同时记录其储能模量（E'）、损耗模量（E''）和损耗因子（$\tan\delta$）值，实验结果列于表 5-2。

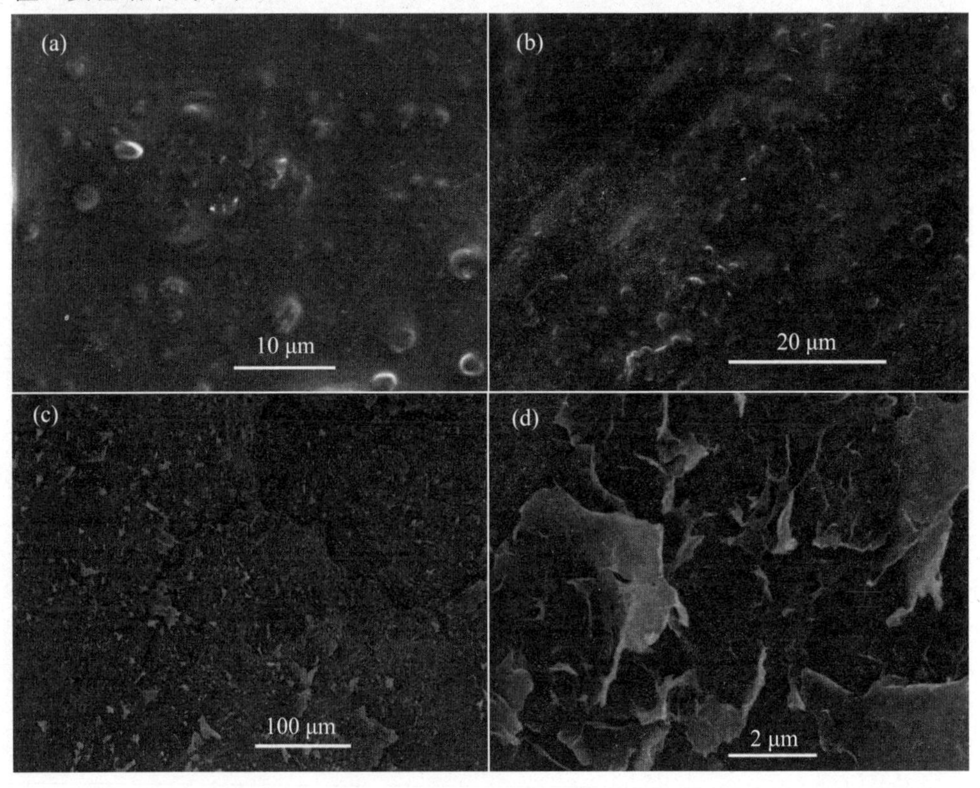

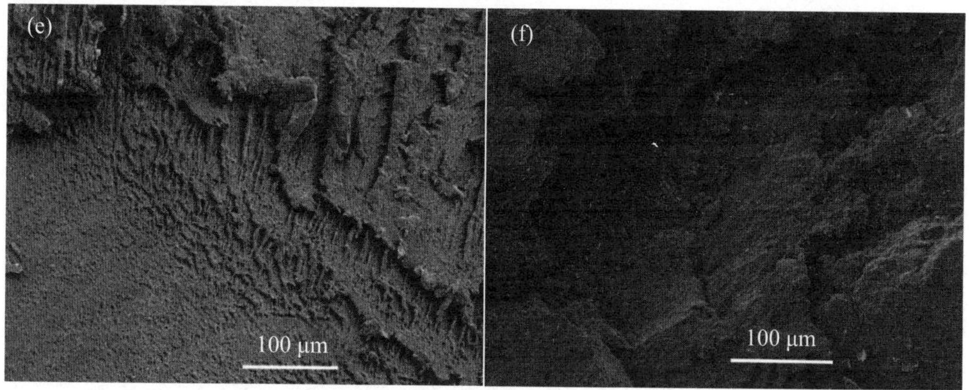

图 5-5　PU/EP-20、PU/EP-50、EGA-40 的 SEM 图片

（a）PU/EP-20 的表面；（b）PU/EP-50 的表面；（c）PEGA-40 的断面；（d）PEGA-40 的表面；（e）PU/EP-20 的断面；（f）PU/EP-50 的断面

表 5-2　环氧树脂、PU/EP IPNs 和 PEGA 复合材料在 1 Hz 下，20 ℃ 温度内的阻尼性能

样品	储能模量（E'）/MPa	损耗模量（E''）/MPa	损耗因子（$\tan\delta$）	T_g/°C	温度变化范围 (ΔT)/°C $\tan\delta$>0.3
EP	2 074.9	129.6	0.062	78.9	63.6 ~ 95.9 (32.3)
PU/EP-20	1 862.9	257.0	0.138	65.4	38.6 ~ 83.4 (44.8)
PU/EP-40	1 292.0	338.8	0.262	60.0	24.6 ~ 78.9 (54.3)
PU/EP-50	225.9	74.5	0.33	48.4	16.2 ~ 76.2 (60.0)
PEGA-20	2 845.7	606.5	0.213	67.9	43.3 ~ 85.7 (42.4)
PEGA-40	2 382.7	670.1	0.281	61.8	25.5 ~ 81.2 (55.7)
PEGA-50	176.6	98.6	0.56	42.7	-1.3 ~ 80.4 (81.7)

图 5-6（a）为环氧树脂、PU/EP IPNs 和 PEGA 复合材料的储能模量（E'）值随温度变化曲线。储能模量是评估材料的承受载荷能力的重要参数，高的 E' 值表明材料具有较高的刚度。从图中可以发现，室温下 PU/EP IPNs 材料的储能模量值均低于环氧树脂基体，并且随着聚氨酯含量的增加，其 E' 值逐渐降低，如表 5-2 所示，环氧树脂、PU/EP-20、PU/EP-40 和 PU/EP-50 的储能模量值分别为 2 074.9 MPa、1 862.9 MPa、1 292.0 MPa 和 225.9 MPa，向 PU/EP IPNs 加入石墨烯气凝胶后，室温下 PEGA-20 和 PEGA-40 复合材料的储能模量较相应的 PU/EP IPNs 都有所提高，并且都高于环氧树脂基体。PEGA 复合材料储能模量的明显提高可以归因于两个方面：一是采用具有三维网络多孔结构的石墨烯气凝胶作为添加相，从而可以保证石墨烯片在聚合物基体中的均匀分散；二是氧化石墨烯虽然被还原，但表面仍存留一些含氧官能团，可以在复合材料的高温固化过程中

与 PU/EP IPNs 基体发生反应，从而使石墨烯片与聚合物基体之间形成良好的界面结合力。如表 5-2 所示，PEGA-20、PEGA-40 和 PEGA-50 复合材料在 20 ℃时的 E' 值分别为 2 845.7 MPa、2 382.7 MPa 和 176.6 MPa。

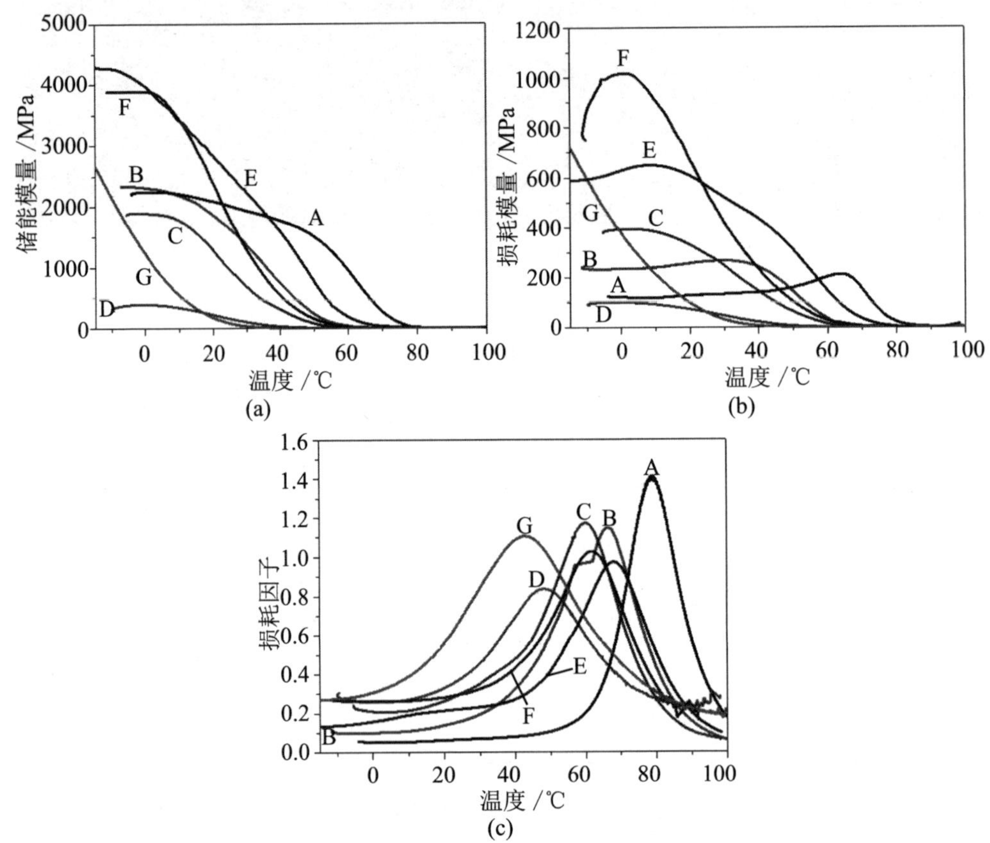

A.EP；B.PU/EP-20；C.PU/EP-40；D.PU/EP-50；E.PEGA-20；F.PEGA-40；G.PEGA-50

图 5-6 环氧树脂、PU/EP IPNs 和 PEGA 复合材料在 1 Hz 下的变化曲线

（a）储能模量；（b）损耗模量；（c）损耗因子

图 5-6（b）为环氧树脂基体、PU/EP IPNs 和 PEGA 复合材料的损耗模量（E''）值随温度变化曲线。损耗模量是材料在机械形变下每循环单位所耗散能量的量度，用于表征材料的黏度。从图中可以看出，室温下 PEGA 复合材料相比较对应的 PU/EP IPNs 都具有更高的损耗模量值，表明 PEGA 复合材料可以将更多的外界机械振动和噪声转化为热能耗散掉。如表 5-2 所示，环氧树脂、PU/EP-20、PU/EP-40 和 PU/EP-50 材料在室温下的损耗模量值分别为 129.6 MPa、257.0 MPa、338.8 MPa 和 74.5 MPa，向 PU/EP IPNs 加入石墨烯气凝胶后，PEGA 复合材料的损耗模量较相应的 PU/EP IPNs 都有所提高，PEGA-20、PEGA-40 和 PEGA-50 复合材料在 20 ℃

时的 E'' 值分别为 606.5 MPa、670.1 MPa 和 98.6 MPa，复合材料 PEGA-40 在室温下具有最高的损耗模量值，其 E'' 值比相同温度下的 PU/EP-40 提高了约 977.9 %，这主要是由于石墨烯片的加入，使得 PEGA 复合材料在外界动态力作用下将产生更多的填料 – 填料边界滑动摩擦和填料 – 基体界面滑动摩擦，从而可以将更多的外界机械能转化为热能耗散掉。

高的损耗因子值表明材料具有更好的能量耗散能力。通常情况下，要求工程阻尼材料的损耗因子值应大于 0.3 并且 $\tan\delta > 0.3$ 的温域应尽可能宽。图 5-6（c）为环氧树脂、PU/EP IPNs 和 PEGA 复合材料的损耗因子值随温度变化曲线。从图中可以看出，在低于 Tg 的温度范围内，PU/EP IPNs 的损耗因子相比较环氧树脂都有了较大提高，并且 $\tan\delta$ 值随着聚氨酯含量的增加而升高，除此以外，PEGA 复合材料的损耗因子相比较对应的 PU/EP IPNs 都有了较大提高，并且 $\tan\delta$ 值也随聚氨酯质量分数的增加而升高。如表 5-2 所示，环氧树脂、PU/EP-20、PU/EP-40 和 PU/EP-50 在室温下的损耗因子值分别为 0.062、0.138、0.262 和 0.33，向 PU/EP IPNs 加入石墨烯气凝胶后，室温下 PEGA 复合材料的损耗因子较相应的 PU/EP IPNs 都有所提高，对于 PGAE-20 复合材料，其在室温下的损耗因子值为 0.213，$\tan\delta > 0.3$ 的温度范围为 43.3 ~ 85.7 ℃（ΔT = 42.4 ℃），对于 PGAE-40 复合材料，其在室温下的损耗因子值为 0.281，$\tan\delta > 0.3$ 的温度范围为 25.5 ~ 81.2 ℃（ΔT = 55.7 ℃），对于 PGAE-50 复合材料，其在室温下的损耗因子值为 0.56，$\tan\delta > 0.3$ 的温度范围为 -1.3 ~ 80.4 ℃（ΔT = 81.7 ℃），结果表明，随着 PU 质量分数的增加，PEGA 复合材料的阻尼性能也逐渐提高。

本章将损耗因子曲线的峰值温度定义为玻璃化转变温度 T_g，与其他报道类似。可以发现，相比较环氧树脂，PU/EP IPNs 材料的玻璃化转变温度均向低温方向移动，并且随着聚氨酯含量的增加，T_g 值逐渐降低，这主要是由于聚氨酯相比较环氧树脂而言具有更低的玻璃化转变温度。PEGA 复合材料的玻璃化转变温度相比较对应的 PU/EP IPNs 材料都向高温方向移动，并且随着聚氨酯含量的增加，T_g 值逐渐降低，这主要是由于在石墨烯纳米片表面存在一些残留的含氧官能团，其在复合材料高温固化过程中可以与 PU/EP IPNs 发生反应，从而在一定程度上限制了石墨烯片与聚合物基体相界面处高分子链的流动性，除此以外，由于石墨烯片具有较大的比表面积，可以在纳米填料与聚合物基体之间形成更多的相界面接触区，从而使 PEGA 复合材料的玻璃化转变温度向更高温度移动。

5.3.3 PEGA 复合材料的热稳定性能

采用热重分析仪来测量环氧树脂，PU/EP IPNs 和 PEGA 复合材料的热稳定性，如图 5-7 所示，表 5-3 为材料在加热过程中的特征温度。对于所制备的材料，可以观察到其在 300 ~ 450 ℃的温度范围内的质量损失急剧下降，这是由于聚氨酯和环氧树脂聚合物在此温度内分解造成的，与其他报道类似。除此以外，可以发现，相比较环氧树脂，PU/EP IPNs 的热稳定性随着聚氨酯含量的增加而逐渐降低，这是由于聚氨酯较低的热稳定性以及形成互穿聚合物网络结构造成的。

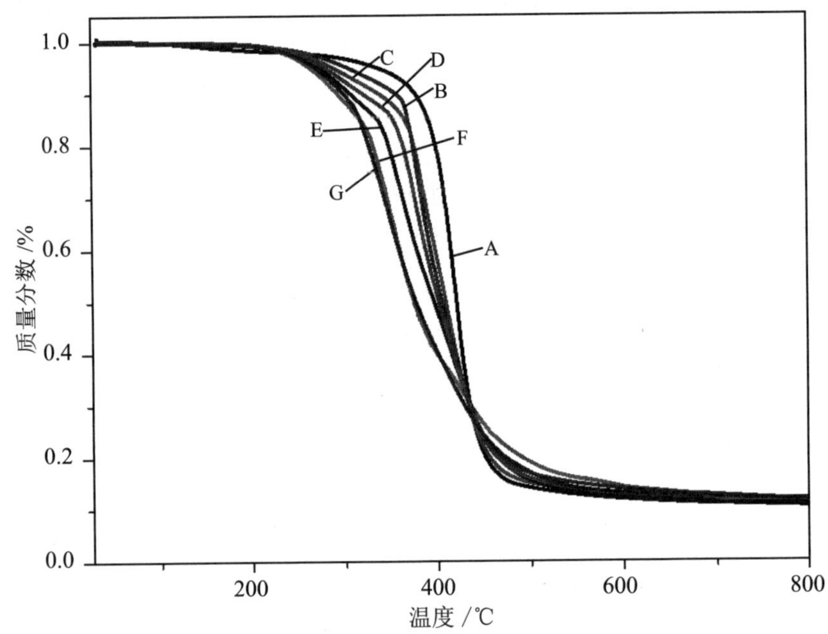

A.EP；B.PU/EP-20；C.PU/EP-40；D.PU/EP-50；E.PEGA-20；F.PEGA-40；G.PEGA-50

图 5-7 环氧树脂、PU/EP IPNs 和 PEGA 复合材料在 N_2 气氛中的热重分析曲线

表 5-3 环氧树脂、PU/EP IPNs 和 PEGA 复合材料在热解过程中的特征温度

样品	T_5 / ℃	T_{10}/ ℃	T_{15}/ ℃	T_{60}/ ℃	700 ℃ 残余质量分数 /%
EP	335.8	377.0	391.1	426.7	10.0
PU/EP-20	288.0	337.8	365.8	419.9	11.9
PU/EP-40	272.8	306.7	337.1	414.9	11.6
PU/EP-50	263.0	292.8	317.9	398.8	11.9
PEGA-20	303.9	355.9	369.4	418.8	12.6
PEGA-40	279.1	320.4	353.2	416.1	12.3
PEGA-50	269.0	299.5	317.4	400.4	12.1

加入石墨烯气凝胶后，PEGA 复合材料的热稳定性比相应的 PU/EP IPNs 都有所提高，如表 5-3 所示，环氧树脂、PU/EP-20、PU/EP-40、PU/EP-50、PEGA-20、PEGA-40 和 PEGA-50 的降解温度 T_5（5% 的质量损失）分别为 335.8、288.0、272.8、263.0、303.9、279.1 和 269.0 ℃，PEGA-20、PEGA-40 和 PEGA-50 的降解温度 T_5 比相应的 PU/EP IPNs 分别提高了 15.9 ℃、6.3 ℃ 和 6 ℃，除此以外，环氧树脂、PU/EP-20、PU/EP-40、PU/EP-50、PEGA-20、PEGA-40 和 PEGA-50 的降解温度 T_{10}（10 % 的质量损失）分别为 377.0、337.8、306.7、292.8、355.9、320.4 和 299.5 ℃，PEGA-20、PEGA-40 和 PEGA-50 的降解温度 T_{10} 比相应的 PU/EP IPNs 分别提高了 18.1 ℃、13.7 ℃ 和 6.7 ℃。此外，与相应的 PU/EP IPN 相比，PEGA 复合材料在 700 ℃ 时的残余质量分数也有所增加。上述结果表明，石墨烯气凝胶的加入可以较大地提高 PU/EP IPNs 材料的热稳定性，这可能是由于石墨烯片与聚合物基体相比具有更高的比热容，并且石墨烯片在聚合物基体中良好的分散性以及与 PU/EP IPNs 具有良好的界面结合力，从而可以有效阻碍聚合物分解产物的挥发。此外，焦炭残渣的增加可以在 PEGA 复合材料表面形成焦炭屏障，作为质量和热阻隔层以保护复合材料表面不受氧气的影响，从而在一定程度上提高复合材料的热稳定性，研究结果表明石墨烯气凝胶的添加可以提高 PEGA 复合材料的热稳定性，与之前的报道类似。

5.3.4　PEGA 复合材料的机械性能

由于石墨烯具有较高的杨氏模量（1 100 GPa）和拉伸强度（125 GPa），被广泛用作纳米填料用于增强聚合物材料的机械性能，本章研究了石墨烯气凝胶的添加对 PEGA 复合材料机械性能的影响，图 5-8（a）和（b）分别为所制备环氧树脂、PU/EP IPNs 和 PEGA 复合材料的拉伸强度（σ_s）和杨氏模量（E_Y）变化曲线，从图中可以看出，PU/EP IPNs 材料的弹性模量和拉伸强度均低于环氧树脂，并且随着聚氨酯质量分数的增加，PU/EP IPNs 材料的氏模量和拉伸强度逐渐降低。环氧树脂、PU/EP-20、PU/EP-40 和 PU/EP-50 的拉伸强度值分别为 12.3 MPa、11.2 MPa、9.4 MPa 和 2.5 MPa，弹性模量值分别为 1.68 GPa、1.67 GPa、0.163 GPa 和 0.018 GPa。添加石墨烯气凝胶后，PEGA 复合材料的拉伸强度和杨氏模量值较相应的 PU/EP IPNs 材料都有所提高，对于 PEGA-20 复合材料，当石墨烯的添加量仅为 0.38% 时，其拉伸强度和杨氏模量分别达到 13.8 MPa 和 1.72 GPa，与 PU/EP-20 IPN 相比，分别提高了约 23.1% 和 2.99%，并且该值甚至高于环氧树脂。PEGA-40 和 PEGA-50 复合材料的拉伸强度分别为 11.1 MPa 和 3.48 MPa，弹性模量分别为0.23 GPa和0.037 GPa。与PEGA-20相比，PEGA-40复合材料的σ_s和E_Y值由于PU聚合物的增韧作用而明显降低，但由于高强度、高模量石墨烯片的加入，其比相应的PU/EP-40复合材料的拉伸强度和弹性模量值分别提高了约17.4%和43.3%。

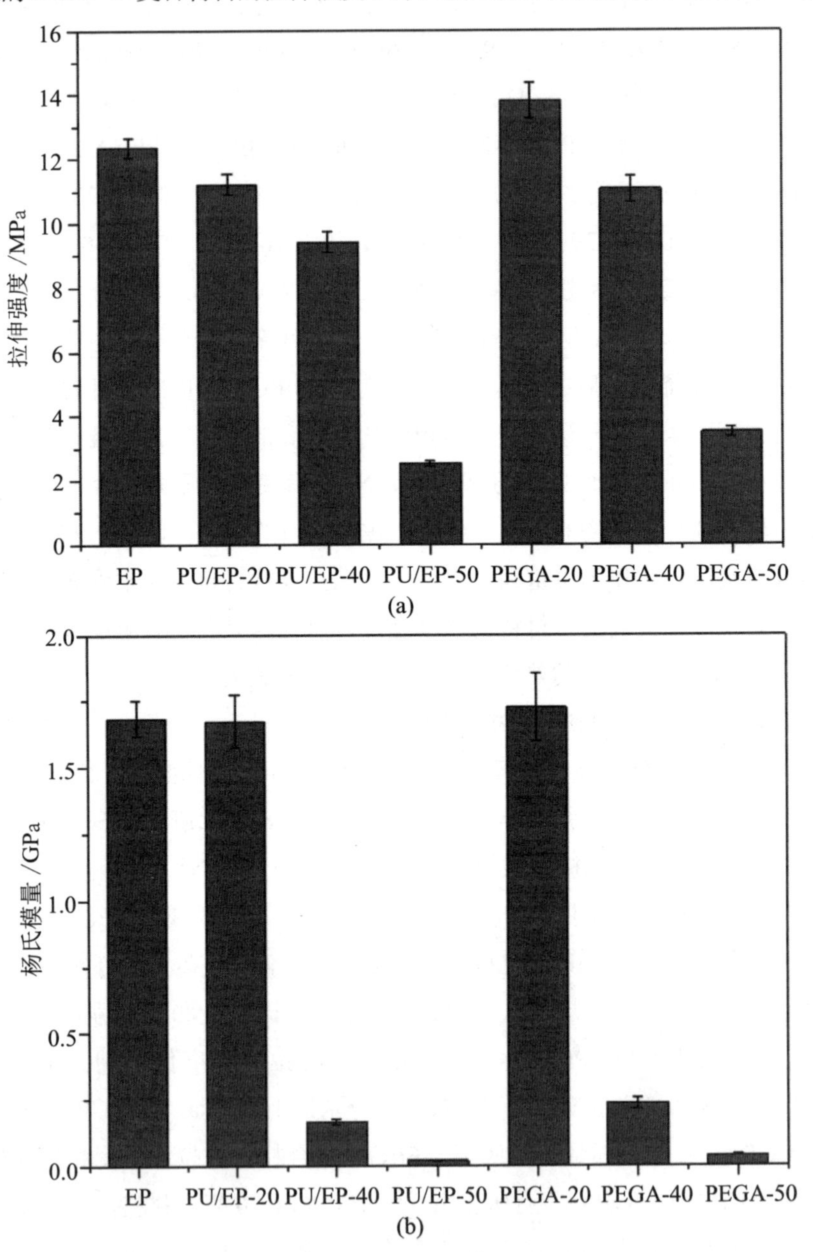

图 5-8　环氧树脂、PU/EP IPNs 和 PEGA 复合材料参数的变化曲线

(a) 拉伸强度；(b) 杨氏模量

图 5-9（a）和（b）分别为所制备环氧树脂、PU/EP IPNs 和 PEGA 复合材料的弯曲强度和弯曲模量变化曲线图。

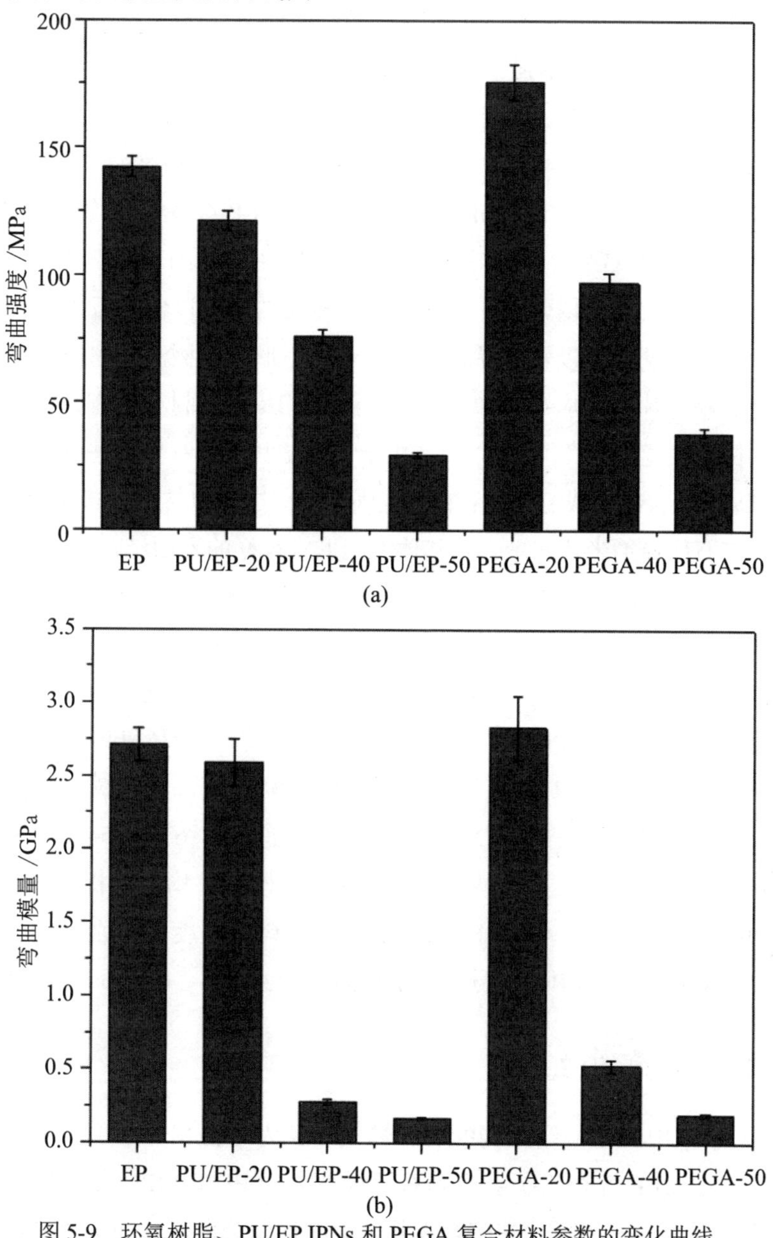

图 5-9　环氧树脂、PU/EP IPNs 和 PEGA 复合材料参数的变化曲线

(a) 弯曲强度；(b) 弯曲模量

从图 5-9 中可以看出，材料的弯曲性能与上述拉伸性能的变化趋势相似，即 PU/EP IPNs 材料的弯曲强度和弯曲模量值均低于环氧树脂的弯曲强度和弯

曲模量，并且随着聚氨酯含量的增加，PU/EP IPNs 材料的弯曲强度和弯曲模量逐渐降低。环氧树脂、PU/EP-20、PU/EP-40 和 PU/EP-50 的弯曲强度分别为 142.2 MPa、121.1 MPa 和 75.9 MPa，弯曲模量分别为 2.71 GPa、2.59 GPa 和 0.28 GPa。添加石墨烯气凝胶后，PEGA-20 复合材料的弯曲强度和弯曲模量分别为 175.8 MPa 和 2.83 GPa，比相应的 PU/EP-20 复合材料分别提高了约 45.1% 和 9.27%，并且都高于纯的环氧树脂基体，PEGA-40 复合材料的弯曲强度和弯曲模量值分别为 97.1 MPa 和 0.53 GPa，较相应的 PU/EP-40 复合材料分别提高了约 27.9% 和 89.3%。PEGA 复合材料机械性能的提高主要归因于以下几个方面，由于采用石墨烯气凝胶作为增强相，其三维网络多孔结构可以保证石墨烯片在基体中的均匀分布，并且也可以较容易地在复合材料中形成机械渗流阈值，有利于聚合物基体向石墨烯片材的应力传递，从而导致 PEGA 复合材料具有比 PU/EP IPN 材料更好的机械性能[208,209]。除此以外，由于石墨烯片表面存留一些含氧官能团，其可以与PU/EP混合物形成氢键或者在高温固化反应过程中与聚合物发生化学反应，从而可以在石墨烯纳米片和聚合物基体之间形成良好的界面结合力[210-212]。此外，石墨烯片的片状结构和大的比表面积也有利于增强复合材料的机械性能[213-215]。

图 5-10 为所制备的环氧树脂、PU/EP IPNs 和 PEGA 复合材料的硬度变化曲线图，从图中可以看出，材料的硬度与上述机械性能的变化趋势相似，由于聚氨酯较低的硬度，所制备 PU/EP IPNs 材料的硬度值均低于环氧树脂，并且随着聚氨酯含量的增加，PU/EP IPNs 材料的硬度值逐渐降低，环氧树脂、PU/EP-20、PU/EP-40 和 PU/EP-50 的邵氏 D 型硬度值分别为 79.0、67.1、54.3 和 34.8，对于 PEGA 复合材料，由于石墨烯纳米片的添加，其硬度值均高于相应的 PU/EP IPN 材料，PEGA-20、PEGA-40 和 PEGA-50 复合材料的硬度值分别为 70.2、57.8 和 41，相比较对应的 PU/EP IPN 材料分别提高了约 4.62%、6.45% 和 17.8%。

5.4 本章小结

（1）本章用三维网络结构的石墨烯气凝胶为增强相，采用一步真空辅助填充方法灌注 PU/EP 混合物制备得到石墨烯增强的 PU/EP IPN 复合材料，制备方法简单且可以保证石墨烯片在聚合物基体中的均匀分散，从而很少的添加量就可以达到复合材料的机械渗流阈值。

（2）室温下 PU/EP IPNs 材料的储能模量值均低于环氧树脂基体，并且随着聚氨酯含量的增加，其 E' 值逐渐降低，加入石墨烯气凝胶后，室温下 PEGA-20

和 PEGA-40 复合材料的储能模量较相应的 PU/EP IPNs 都有所提高，并且都高于环氧树脂基体。

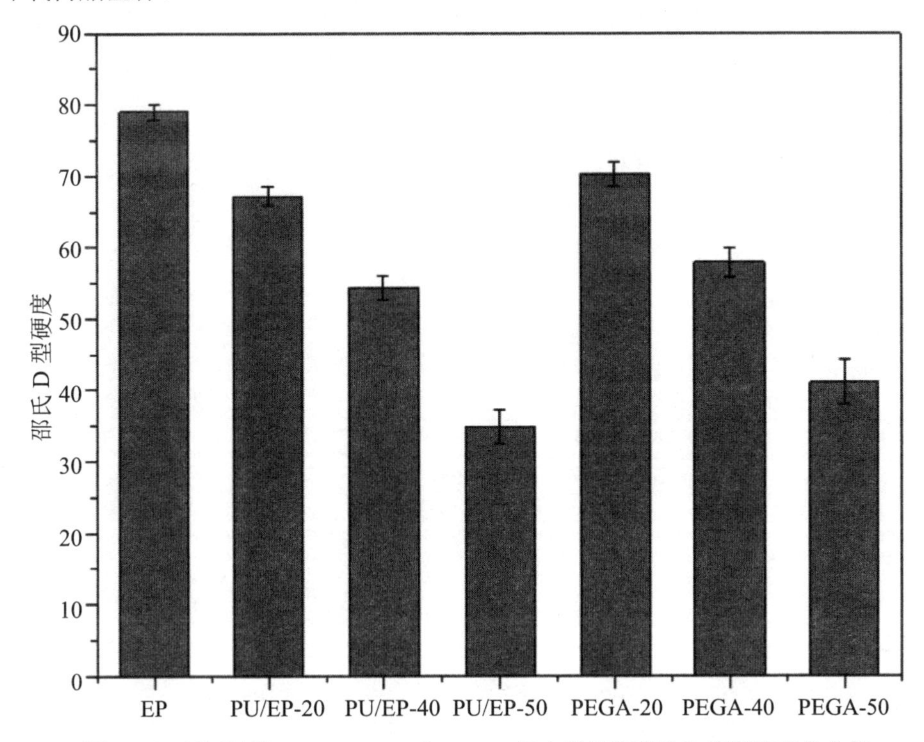

图 5-10　环氧树脂、PU/EP IPNs 和 PEGA 复合材料的邵氏 D 型硬度变化曲线

（3）室温下 PEGA 复合材料的损耗模量和损耗因子值较相应的 PU/EP IPNs 都有所提高，PEGA-40 具有最高的损耗模量值，其比相同温度下的 PU/EP-40 提高了约 977.9 %。此外，PEGA-40 复合材料在室温下的损耗因子值为 0.281，$\tan\delta > 0.3$ 的温度范围为 25.5 ~ 81.2 ℃，覆盖了通常使用的阻尼温度范围，其大大提高的阻尼性能可归因于填料－填料和填料－基体之间的界面摩擦耗能。

（4）PEGA 复合材料的热稳定性比相应的 PU/EP IPNs 都有所提高，PEGA-20、PEGA-40 和 PEGA-50 的降解温度 T_5 比相应的 PU/EP IPNs 分别提高了 15.9 ℃、6.3 ℃和 6 ℃，T_{10} 分别提高了 18.1 ℃、13.7 ℃和 6.7 ℃。这可归因于石墨烯片良好的比热容，在聚合物基体中的均匀分布以及与基体之间良好的界面结合力可以有效阻碍聚合物分解产物的挥发。

（5）PEGA 复合材料的机械性能较相应的 PU/EP IPNs 都有所提高，对于 PEGA-20 复合材料，当石墨烯添加量仅为 0.38% 时，其拉伸强度、杨氏模量、弯曲强度、弯曲模量和邵氏 D 型硬度值比 PU/EP-20 IPN 分别提高了约 23.1%、

2.99%、45.1%、9.27%和4.62%，并且都高于纯的环氧树脂。对于PEGA-40复合材料，上述各值比相应的PU/EP-40分别提高了约17.4%、43.3%、27.9%、89.3%和6.45%，这可归因于石墨烯片在聚合物基体中分布均匀，并且与基体之间存在较强的界面结合力和良好的相容性，从而有利于应力从聚合物基体向石墨烯片的转移以增强复合材料的机械性能。结果表明，PEGA复合材料可用于宽阻尼温域、高损耗因子和良好机械性能的结构阻尼材料。

第 6 章　主要结论与创新点

随着生产的发展，设备日趋高速和大功率化，产生越来越多的振动和噪声，阻尼材料可以有效减少振动和噪声。目前研究较多且取得良好性能的为互穿聚合物网络（IPN）和压电阻尼复合材料。压电阻尼材料存在制备过程复杂，多采用高污染高能耗的含铅压电陶瓷以及压电导电相含量高等问题。IPN 技术虽然可以大大拓宽复合材料的阻尼温域，但普遍机械性能偏低，且阻尼温域的拓宽往往导致损耗因子峰值降低。针对上述问题，本书使用三维网络结构的压电导电相或三维网络多孔结构的石墨烯气凝胶作为增强相，采用一步真空辅助填充方法制备得到压电阻尼复合材料或石墨烯增强的 IPN 材料，获得了高损耗因子、宽阻尼温域和良好机械性能的工程用阻尼材料。

6.1　主要结论

（1）环氧树脂存在玻璃化转变温度较高、室温下阻尼性能较差的特点。针对上述问题，本书第 2 章采用具有较高压电系数的锆钛酸铅（PZT）为压电相，以易制备、低成本、低密度、导电性能良好的聚吡咯（PPy）为导电相，制备得到三维网络结构的 PZT@PPy 气凝胶为压电导电相，随后利用一步真空辅助填充的方法灌注环氧树脂基体制备得到 PPAE 压电阻尼复合材料，制备过程简单，且三维网络结构可以有效保证压电相和导电相在复合材料内的均匀分布。此外，气凝胶的三维网络结构可以在复合材料内部形成丰富的填料 - 填料和填料 - 基体摩擦界面。利用压电阻尼效应和内部摩擦耗能，可以大大提高环氧树脂基体在室温下的阻尼性能，当 PZT 的质量分数为 75% 时，PPAE-75 复合材料在室温下的储能模量（E'）、损耗模量（E''）和损耗因子（$\tan\delta$）相比较环氧树脂基体分别提高了约 11.5%、418.7% 和 360%，从而制备得到室温下阻尼性能良好的结构材料。

（2）PZT 具有高的压电系数，但是制备过程存在高能耗高污染的缺点。为了解决上述问题，本书第 3 章采用低温水热法合成 $ZnSnO_3$ 无铅压电陶瓷作为压电相，通过静电纺丝及原位聚合方法制备得到 ($ZnSnO_3$/PVDF)@PPy 纳米纤维膜作为压电导电相，并灌注环氧树脂基体得到 ZPPE 压电阻尼复合材料。三维网络织物结构可以保证压电导电相在复合材料内的均匀分布，并可在复合材料内部形成丰富的纤维 - 纤维及纤维 - 基体摩擦界面，同时织物结构也有利于大幅度提高复合材料的机械性能。当 $ZnSnO_3$ 的质量分数为 60% 时，ZPPE-60 复合材料在室温下的 E'、E'' 和 $\tan\delta$ 值比环氧树脂基体分别提高了约 94.8%、554.9% 和 232%。此外，由于纳米纤维膜的织物结构和高模量 $ZnSnO_3$ 陶瓷颗粒的添加，使得 ZPPE-60 的弯曲强度、弯曲模量和邵氏 D 型硬度值比环氧树脂基体分别提高了约 60.0%、227.5% 和 3.92%，从而可用于环保的机械性能良好的阻尼结构材料。

（3）工程阻尼材料要求为 $\tan\delta > 0.3$ 的温度范围最好不低于 60 ℃，为了进一步拓宽复合材料的阻尼温域，选用硅橡胶代替环氧树脂。本书第 4 章利用三维网络结构的 PU/RGO 泡沫作为导电相，采用一步真空辅助填充方法向泡沫灌注 PDMS 基体制备得到 PGPP 压电阻尼复合材料。制备过程简单，且泡沫结构可以有效保证石墨烯片在材料内均匀分布，从而当 RGO/PDMS 的质量分数仅为 0.05% 时就可以达到复合材料的渗流阈值、导电相的用量大大降低，在降低经济成本的同时，也有利于保持 PDMS 基体的柔韧性。利用压电阻尼效应和界面摩擦耗能，PGPP-6 复合材料的 E'、E'' 和 $\tan\delta$ 值比 PDMS 基体分别提高了约 89.%、214.5% 和 87.5%，其 $\tan\delta > 0.3$ 的温度范围为 −70 ~ 9.8 ℃，且在 100 Hz 下其 $\tan\delta > 0.3$ 的温度范围为 −70 ~ 100 ℃，有效阻尼温域基本覆盖了工程材料的作业温度，从而可用于宽温域宽频率下的表面包覆阻尼材料。

（4）在上述研究基础上，期望进一步提高复合材料的机械性能，采用石墨烯气凝胶为增强相，利用一步真空辅助填充方法向其中灌注聚氨酯 / 环氧树脂 IPN 基体制备得到 PEGA 复合材料。气凝胶的三维网络多孔结构可以保证石墨烯片在基体中的均匀分散，从而以极少的添加量就可以达到复合材料的机械渗流阈值，室温下 PEGA-20 和 PEGA-40 复合材料的储能模量都高于环氧树脂基体的储能模量。此外，添加石墨烯气凝胶后，PEGA 复合材料的热稳定性、拉伸性能、弯曲性能和邵氏 D 型硬度比相应的 PU/EP IPNs 都有所提高。对于 PEGA-20 复合材料，当石墨烯的添加量仅为 0.38% 时，其拉伸强度、杨氏模量、弯曲强度和弯曲模量与 PU/EP-20 IPN 相比，分别提高了约 23.1%、2.99%、45.1% 和 9.27%，并且都高于环氧树脂基体。从阻尼和机械性能两方面综合考虑，PEGA-40 复合材料性能最佳，其在室温下的损耗因子值可达 0.281，$\tan\delta > 0.3$ 的温度范围为

25.5 ~ 81.2 ℃，覆盖了通常使用的温度范围，从而制备得到具有良好机械性能和较宽阻尼温域的性能良好的阻尼结构材料。

6.2　本书的主要创新点

（1）采用三维网络多孔结构的压电导电相或三维网络多孔结构的石墨烯气凝胶为增强相，使用一步真空辅助填充方法制备得到压电阻尼复合材料或石墨烯增强的 IPN 材料，制备过程简单。

（2）三维结构可以有效保证填料在基体内的均匀分布，从而以很少的添加量就可以达到复合材料的电或机械渗流阈值。

（3）三维网络结构的添加相有利于提高复合材料的机械性能，并提供丰富的填料 - 填料和填料 - 基体摩擦耗能界面，从而有利于制备高阻尼高机械性能的复合材料。

参考文献

[1] 张忠明，刘宏昭，王锦程，等 . 材料阻尼及阻尼材料的研究进展 [J]. 功能材料，2001，32(3)：227-230.

[2] 陈冲，岳红，张慧军，等 . 高分子阻尼材料的研究进展 [J]. 中国胶黏剂，2009，18(10)：57-61.

[3] 黄微波 , 刘超，黄舰 . 高分子阻尼材料研究进展及发展趋势 [J]. 材料导报 A: 综述篇，2012，26(11)：89-100.

[4]H Lu, X Wang, T Zhang, et al. Design, fabrication, and properties of high damping metal matrix composites - a review[J]. Materials, 2009, 2: 958-977.

[5]J Zhang, R J Perez, E J Lavernia. Documentation of damping capacity of metallic, ceramic and metal-matrix composite materials[J]. J. Mater. Sci., 1993, 28: 2395-2404.

[6]R Schaller. Metal matrix composites, a smart choice for high damping materials[J]. J. Alloy. Compd., 2003, 355: 131-135.

[7]E C Botelho, A N Campos, E de Barros, et al. Damping behavior of continuous fiber/metal composite materials by the free vibration method[J]. Compos. Part B-Eng., 2006, 37: 255-263.

[8]S Sastry, M Krishna, J Uchil. A study on damping behaviour of aluminite particulate reinforced ZA-27 alloy metal matrix composites[J]. J. Alloy. Compd., 2001, 314: 268-274.

[9]T E Alberts, H Xia. Design and analysis of fiber enhanced viscoelastic damping polymers[J]. J. Vib. Acoust., 1995, 117(4): 398-404.

[10]I C Finegan, R F Gibson. Recent research on enhancement of damping in polymer composites[J]. Compos. Struct., 1999, 44: 89-98.

[11] 李明俊，程燕，徐泳文，等 . 丙烯酸酯橡胶阻尼材料研究进展 [J]. 实验技术与管理，2012，29(1)：30-32.

[12] 顾健，武高辉 . 新型阻尼材料的研究进展 [J]. 材料导报，2006，20(12)：53-56.

[13] 马敏 . 碳纳米管 / 铌镁锆钛酸铅 / 环氧树脂基压电阻尼材料的制备及性能研究 [D]. 北京：北京化工大学，2009.

[14]H J Jiang, C Y Liu, Z Y Ma, et al. Fabrication of Al-35Zn alloys with excellent damping capacity and mechanical properties[J]. J. Alloy. Compd., 2017, 722: 138-144.

[15]L Duan, D. Pan, H. Wang, et al. Investigation of the effect of alloying elements on damping capacity and magnetic domain structure of Fe-Cr-Al based vibration damping alloys[J]. J. Alloy. Compd., 2017, 695: 1547-1554.

[16]Y Chen, H C Jiang, S W Liu, et al. Damping capacity of TiNi-based shape memory alloys[J]. J. Alloy. Compd., 2009, 482: 151-154.

[17]B Tian, F Chen, Y Tong, et al. Magnetic field induced strain and damping behavior of Ni-Mn-Ga particles/epoxy resin composite[J]. J. Alloy. Compd., 2014, 604: 137-141.

[18]R D Adams, M R Maheri. Damping in advanced polymer-matrix composites[J]. J. Alloy. Compd., 2003, 355: 126-130.

[19] 刘棣华 . 粘弹阻尼减振降噪应用技术 [M]. 北京：宇航出版社，1990.

[20]M Sahoo, J R Barry, G Crawford. Foundry characteristics and mechanical properties of a high-damping propeller alloy[J]. AFS Trans., 1985, 93: 133-144.

[21]F E Goodwin. Zinc alloys for high damping applications - a first progress report[J]. SAE Trans., 1988, 97: 153-163.

[22]S Orak. Investigation of vibration damping on polymer concrete with polyester resin[J]. Cement Concrete Res., 2000, 30: 171-174.

[23]S A Suarez, R F Gibson, C T Sun, et al. The influence of fiber length and fiber orientation on damping and stiffness of polymer composite materials[J]. Exp. Mech., 1986: 175-184.

[24]R Chandra, S P Singh, K Gupta. Damping studies in fiber-reinforced composites - a review[J]. Compos. Struct., 1999, 46: 41-51.

[25]Y C Chern, S M Tseng, K H Hsieh. Damping properties of interpenetrating polymer networks of polyurethane - modified epoxy and polyurethanes[J]. J. Appl. Polym. Sci., 1999, 74(2): 328-335.

[26]J Suhr, W Zhang, P M Ajayan, et al. Temperature-activated interfacial friction damping in carbon nanotube polymer composites[J]. Nano Lett., 2006, 6(2) :219-223.

[27]J J Fay, C J Murphy, D A Thomas, et al. Effect of morphology, crosslink density, and miscibility on interpenetrating polymer network damping effectiveness[J]. Polym. Eng. Sci., 1991, 31(24) :1731-1741.

[28]L H Sperling. Basic viscoclastic definitions and concepts[J]. Sound and Vibration Damping with Polymers., 1990, 1: 5-22.

[29]D D L Chung. Review: materials for vibration damping[J]. J. Mater. Sci., 2001, 36:5733-5737.

[30]T Trakulsujaritchok, D J Hourston. Damping characteristics and mechanical properties of silica filled PUR/PEMA simultaneous interpenetrating polymer networks[J]. Eur. Polym. J., 2006, 42: 2968-2976.

[31] 刘巧宾 . IPN 压电阻尼材料的研究 [D]. 天津：天津科技大学，2008.

[32]J A Grates, D A Thomas, E C Hickey, et al. Noise and vibration damping with latex interpenetrating polymer networks[J]. J. Appl. Polym. Sci., 1975, 19(6):1731-1743.

[33]A M Vinogradov, V H Schmidt, G F Tuthill, et al. Damping and electromechanical energy losses in the piezoelectric polymer PVDF[J]. Mech. Mater., 2004, 36:1007-1016.

[34]P M Ajayan, J Suhr, N Koratkar. Utilizing interfaces in carbon nanotube reinforced polymer composites for structural damping[J]. J. Mater. Sci., 2006, 41:7824-7829.

[35]N Koratkar, B Q Wei, P M Ajayan. Carbon nanotube films for damping applications[J]. Adv. Mater., 2002, 14: 997-1000.

[36]I C Finegan, R F Gibson. Analytical modeling of damping at micromechanical level in polymer composites reinforced with coated fibers[J]. Compos. Sci. Technol., 2000, 60:1077-1084.

[37]J Raghavan, T Bartkiewicz, S Boyko, et al. Damping, tensile, and impact properties

of superelastic shape memory alloy (SMA) fiber-reinforced polymer composites[J]. Compos. Part B-Eng., 2010, 41: 214-222.

[38] 张金升，尹衍升，李嘉，等 . 智能材料的结构和性能综述 [J]. 中国陶瓷，2003，39(2)：41-47.

[39]M Sumita, H Gohda, S Asai, et al. New damping materials composed of piezoelectric and electro-conductive, particle-filled polymer composites: effect of the electromechanical coupling factor[J]. Macromol. Rapid Commun., 1991, 12:657-661.

[40] 刘巧宾，卢秀萍 . 智能阻尼材料的研究进展 [J]. 弹性体，2007，17(2)：76-80.

[41] 蒋鞠慧，尹冬梅，张雄军 . 阻尼材料的研究状况及进展 [J]. 玻璃钢 / 复合材料，2010，4：76-80.

[42] 王海侨，姜志国，黄丽，等 . 阻尼材料研究进展 [J]. 高分子通报，2006，3：24-30.

[43]L Xia, C Li, X Zhang, et al. Effect of chain length of polyisobutylene oligomers on the molecular motion modes of butyl rubber: damping property[J]. Polymer, 2018, 141: 70-78.

[44]L Zang, D Chen, Z Cai, et al. Preparation and damping properties of an organic-inorganic hybrid material based on nitrile rubber[J]. Compos. Part B-Eng., 2018, 137:217-224.

[45]J Feuchtwanger, E Seif, P Sratongon, et al. Vibration damping of Ni-Mn-Ga/ silicone composites[J]. Scripta Mater., 2018, 146: 9-12.

[46]V Tinard, M Brinster, P Francois, et al. Experimental assessment of sound velocity and bulk modulus in high damping rubber bearings under compressive loading[J]. Polym. Test., 2018, 65:331-338.

[47]M Cvek, M Mrlík, M Ilčiková, et al. Synthesis of silicone elastomers containing silyl-based polymer-grafted carbonyl iron particles: an efficient way to improve magnetorheological, damping, and sensing performances[J]. Macromolecules, 2017, 50:2189-2200.

[48]Y. Li, J. Cheng, J. Zhang. A newly designed dual-functional epoxy monomer for preparation of fishbone-shaped heterochain polymer with a high damping property

at low temperature[J]. Macromol. Mater. Eng., 2017, 302:1600574.

[49]X Lv, Z Huang, M Shi, et al. Composition distribution, damping and thermal properties of the thickness-continuous gradient epoxy/polyurethane interpenetrating polymer networks[J]. Appl. Sci., 2017, 7(2):135.

[50]A Swain, T Roy, B K Nanda. Vibration damping characteristics of carbon nanotubes-based thin hybrid composite spherical shell structures[J]. Mech. Adv. Mater. Struc., 2017, 24(2):95-113.

[51]J Yin, J Zhang, Y Zhang, et al. Porosity, mechanical properties, and damping ratio of particulate-filled polymer composite for precision machine tools[J]. J. Appl. Polym. Sci., 2017, 134(6):44435.

[52]B Yuan, M Chen, Y Liu, et al. Damping properties of para-phenylene terephthalamide pulps modified damping materials[J]. J. Reinf. Plast. Comp., 2017, 36(2): 137-148.

[53]Y Yang, X Wang, Z Wu, et al. Damping behavior of hybrid fiber-reinforced polymer cable with self-damping for long-span bridges[J]. J. Bridge Eng., 2017, 22(7):05017005.

[54]V J Dave, H S Patel. Synthesis and characterization of interpenetrating polymer networks from transesterified castor oil based polyurethane and polystyrene[J]. J. Saudi Chem. Soc., 2017, 21: 18-24.

[55]Y Li, Q Lian, Z Lin, et al. Epoxy/polysiloxane intimate intermixing networks driven by intrinsic motive force to achieve ultralow-temperature damping properties[J]. J. Mater. Chem. A, 2017, 5:17549-17562.

[56]L Kan, X Ouyang, S Gao, et al. High damping and mechanical properties of hydrogen-bonded polyethylene materials with variable contents of hydroxyls: effect of hydrogen bonding density[J]. Chinese J. Polym. Sci., 2017, 35(5):649-658.

[57]Z Wang, H Wang, W Zhao, et al. Epoxy-based composites embedded with high performance BZT-0.5BCT piezoelectric nanoparticles powders for damping vibration absorber application[J]. Crystals, 2017, 7(4):105.

[58]X Lu, R Huang, H Li, et al. Preparation of an elastomer with broad damping temperature range based on EPDM/ENR blend[J]. J. Elastom. Plast., 2017,

49(8):758-773.

[59]M J Mahmoodi, M Vakilifard. Interfacial effects on the damping properties of general carbon nanofiber reinforced nanocomposites - a multi-stage micromechanical analysis[J]. Compos. Struct., 2018, 192:397-421.

[60]W Lin, Y Rotenberg, K P Ward, et al. Polyaniline/multi-walled carbon nanotube composites for structural vibration damping and strain sensing[J]. J. Mater. Res., 2017, 32(1) :73-83.

[61]S K Bhudolia, P Perrotey, S C Joshi. Enhanced vibration damping and dynamic mechanical characteristics of composites with novel pseudo-thermoset matrix system[J]. Compos. Struct., 2017, 179:502-513.

[62]A Swain, T Roy. Viscoelastic modeling and vibration damping characteristics of hybrid CNTs-CFRP composite shell structures[J]. Acta Mech., 2018, 229(3):1321-1352.

[63]J Zhu, X Zhao, M Song, et al. A Molecular dynamics simulation study on the relationship between hydrogen bond and damping properties of AO-70/NBR composites[J]. Key Engineer. Mater., 2017, 748:29-34.

[64]S Chen, Q Wang, T Wang. Damping, thermal, and mechanical properties of montmorillonite modified castor oil-based polyurethane/epoxy graft IPN composites[J]. Mater. Chem. Phys., 2011, 130: 680-684.

[65]K Xu, R Chen, C Wang, et al. Organomontmorillonite-modified soybean oil-based polyurethane/epoxy resin interpenetrating polymer networks (IPNs)[J]. J. Therm. Anal. Calorim., 2016, 126:1253-1260.

[66]K Liu, Q Lv, J Hua. Study on damping properties of HVBR/EVM blends prepared by in situ polymerization[J]. Polym. Test., 2017, 60: 321-325.

[67]T Wang, S Chen, Q. Wang, et al. Damping analysis of polyurethane/epoxy graft interpenetrating polymer network composites filled with short carbon fiber and micro hollow glass bead[J]. Mater. Design, 2010, 31:3810-3815.

[68]C L Qin, W M Cai, J Cai, et al. Damping properties and morphology of polyurethane/vinyl ester resin interpenetrating polymer network[J]. Mater. Chem. Phys., 2004, 85:402-409.

[69]X Lv, Z Huang, C Huang, et al. Damping properties and the morphology analysis

of the polyurethane/epoxy continuous gradient IPN materials[J]. Compos. Part B-Eng., 2016, 88:139-149.

[70]X Zhou, E Shin, K W Wang, et al. Interfacial damping characteristics of carbon nanotube-based composites[J]. Compos. Sci. Technol., 2004, 64: 2425-2437.

[71]H Rajoria, N Jalili. Passive vibration damping enhancement using carbon nanotube-epoxy reinforced composites[J]. Compos. Sci. Technol., 2005, 65:2079-2093.

[72]S U Khan, C Y Li, N A Siddiqui, et al. Vibration damping characteristics of carbon fiber-reinforced composites containing multi-walled carbon nanotubes[J]. Compos. Sci. Technol., 2011, 71:1486-1494.

[73]I C Finegan, R F Gibson. Analytical modeling of damping at micromechanical level in polymer composites reinforced with coated fibers[J]. Compos. Sci. Technol., 2000, 60:1077-1084.

[74] 范永忠，孙康，吴人洁 . 环氧树脂混杂复合材料的阻尼性能研究 [J]. 功能材料，2000，3(31)：94-96.

[75] 张文，陈长勇，金增平，等 . 氧化锌晶须 / 环氧树脂复合材料减振性能 [J]. 青岛化工学院学报，1998，19(4)：361-364.

[76]H Kishi, M Kuwata, S Matsuda, et al. Damping properties of thermoplastic-elastomer interleaved carbon fiber-reinforced epoxy composites[J]. Compos. Sci. Technol., 2004, 64:2517-2523.

[77]C Wu, Y Otani, N Namiki, et al. Phase modification of acrylate rubber/chlorinated polypropylene blends by a hindered phenol compound[J]. Polym. J., 2001, 33(4): 322-329.

[78]M Hori, T Aoki, Y Ohira, et al. New type of mechanical damping composites composed of piezoelectric ceramics, carbon black and epoxy resin[J]. Compos. Part A-Appl. S., 2001, 32:287-290.

[79]A A Skandani, N Masghouni, S W Case, et al. Enhanced vibration damping of carbon fibers-ZnO nanorods hybrid composites[J]. Appl. Phys. Lett., 2012, 101: 073111.

[80]S K Sharma, H Gaur, M Kulkarni, et al. PZT–PDMS composite for active damping of vibrations[J]. Compos. Sci. Technol., 2013, 77: 42-51.

[81]S Tian, F Cui, X Wang. New type of piezo-damping epoxy-matrix composites with

multi-walled carbon nanotubes and lead zirconate titanate[J]. Mater. Lett., 2008, 62:3859-3861.

[82]C Zhang, J F Sheng, C A Ma, et al. Electrical and damping behaviors of CPE/ $BaTiO_3$/VGCF composites[J]. Mater. Lett., 2005, 59:3648-3651.

[83]D Xu, X Cheng, X Guo, et al. Design, fabrication and property investigation of cement/polymer based 1-3 connectivity piezo-damping composites[J]. Constr. Build. Mater., 2015, 84: 219-223.

[84]C L Qin, D Y Zhao, X D Bai, et al. Vibration damping properties of gradient polyurethane/vinyl ester resin interpenetrating polymer network[J]. Mater. Chem. Phys., 2006, 97:517-524.

[85]S Chen, Q Wang, T Wang, et al. Preparation, damping and thermal properties of potassium titanate whiskers filled castor oil-based polyurethane/epoxy interpenetrating polymer network composites[J]. Mater. Design, 2011, 32:803-807.

[86]S Chen, Q Wang, T Wang. Damping, thermal, and mechanical properties of carbon nanotubes modified castor oil-based polyurethane/epoxy interpenetrating polymer network composites[J]. Mater. Design, 2012, 38: 47-52.

[87]T Trakulsujaritchok, D J Hourston. Damping characteristics and mechanical properties of silica flled PUR/PEMA simultaneous interpenetrating polymer networks[J]. Eur. Polym. J., 2006, 42:2968-2976.

[88]D J Hourston, F U Schäfer. Polyurethane/polystyrene one-shot interpenetrating polymer networks with good damping ability: transition broadening through crosslinking, internetwork grafting and compatibilization[J]. Polym. Advan. Technol., 1996, 7(4): 273-280.

[89]G S Huang, Q Li, L X Jiang. Structure and damping properties of polydimethylsiloxane and polymethacrylate sequential interpenetrating polymer networks[J]. J. Appl. Polym. Sci., 2002, 85(3): 545-551.

[90]F S Liao, A C Su, T C J Hsu. Damping behaviour of dynamically cured butyl rubber/polypropylene blends[J]. Polymer, 1994, 35(12): 2579-2586.

[91]C Sirisinha, N Prayoonchatphan. Study of carbon black distribution in BR/NBR blends based on damping properties: influences of carbon black particle size, filler, and rubber polarity[J]. J. Appl. Polym. Sci., 2001, 81(13): 3198-3203.

[92]B Chen, N Ma, X Bai, et al. Effects of graphene oxide on surface energy, mechanical, damping and thermal properties of ethylene-propylene-diene rubber/ petroleum resin blends[J]. RSC Adv., 2012, 2: 4683-4689.

[93]H H Chu, C.-M. Lee, W.G. Huang. Damping of vinyl acetate–n-butyl acrylate copolymers[J]. J. Appl. Polym. Sci., 2004, 91(3) :1396-1403.

[94]C Meiorin, M I Aranguren, M A Mosiewicki. Vegetable oil/styrene thermoset copolymers with shape memory behavior and damping capacity[J]. Polym. Int., 61(5) (2012:735-742.

[95 张鸿明 . 0-3 型 PZT/ 环氧压电复合材料性能预报及应用研究 [D]. 哈尔滨：哈尔滨工业大学，2013.

[96]T Takagi. Recent research on intelligent materials[J]. J. Intel. Mat. Syst. Str., 1996, 7(3):346-352.

[97]V G Gavrilyachenko, E G. Fesenko. Piezoelectric effect in lead titanate single crystals[J]. Sov. Phys. Crystallogr., 1971, 16(3):549-552.

[98]R D Mindlin. High frequency vibrations of piezoelectric crystal plates[J]. Int. J. Solids Struct., 1972, 8(7):895-906.

[99]T Takenaka, T Okuda, K Takegahara. Lead-free piezoelectric ceramics based on $(Bi_{1/2}Na_{1/2})$ TiO_3-$NaNbO_3$[J]. Ferroelectrics, 1997, 196(1):175-178.

[100]P Ueberschlag. PVDF piezoelectric polymer[J]. Sensor Rev.,2001, 21(2): 118-126.

[101]A Vinogradov, F Holloway. Electro-mechanical properties of the piezoelectric polymer PVDF[J]. Ferroelectrics, 1999, 226(1): 169-181.

[102]F Iwasaki, H Iwasaki. Historical review of quartz crystal growth[J]. J. Cryst. Growth, 2002, 237(8):20-27.

[103] 张福学，王丽坤 . 现代压电学 (中册)[M]. 北京：科学出版社，2001.

[104]R L Filler. The acceleration sensitivity of quartz crystal oscillators: a review[J]. IEEE T. Ultrason. Ferr., 1988, 35(3):297-305.

[105]R L Bunde, E J Jarvi, J J Rosentreter. Piezoelectric quartz crystal biosensors[J]. Talanta, 1998, 46(6):1223-1236.

[106]G H Haertling. Ferroelectric ceramics: history and technology[J]. J. Am. Ceram. Soc.,1999, 82(4):797-818.

[107]T Takenaka, H Nagata. Current status and prospects of lead-free piezoelectric ceramics[J]. J. Eur. Ceram. Soc., 2005, 25(12):2693-2700.

[108] 毛剑波，易茂祥 . PZT 压电陶瓷极化工艺研究 [J]. 压电与声光，2006，28(6)：736-740.

[109] 程院莲，鲍鸿，李军，等 . 压电陶瓷应用研究进展 [J]. 中国测试技术，2005，31(2)：12-14.

[110]H Kawai. The piezoelectricity of poly (vinylidene fluoride)[J]. Jpn. J. Appl. Phys., 1969, 8(7):975-976.

[111]E Fukada. History and recent progress in piezoelectric polymers[J]. IEEE T. Ultrason. Ferr., 2000, 47(6):1277-1290.

[112] 张华，张桂芳 . 压电和热释电聚合物 PVDF 及其应用 [J]. 天津工业大学学报，2003，22(1)：70-74.

[113]Q X Chen, P A Payne. Industrial applications of piezoelectric polymer transducers[J]. Meas. Sci. Technol., 1995, 6(3):249-252.

[114]F Li, W Liu, C Stefanini, et al. A novel bioinspired PVDF micro/nano hair receptor for a robot sensing system[J]. Sensors, 2010, 10(1):994-1011.

[115]L J Donalds, W G French, W C Mitchell, et al. Electric field sensitive optical fibre using piezoelectric polymer coating[J]. Electron. Lett., 1982, 18(8):327-328.

[116]R E Newnham, D P Skinner, L E Cross. Connectivity and piezoelectric-pyroelectric composites[J]. Mater. Res. Bull., 1978, 13(5):525-536.

[117] 甘国友，严继康，孙加林，等 . 压电复合材料的现状与展望 [J]. 功能材料，31(5) (2000)：456-463.

[118] 游达，董玉林，张联盟 . 陶瓷 / 聚合物压电复合材料的国内外概况和应用展望 [J]. 新材料产业，2002，9(1):6-8.

[119]T R Gururaja, W A Schulze, L E Cross, et al. Piezoelectric composite materials for ultrasonic transducer applications. Part Ⅱ : evaluation of ultrasonic medical applications[J]. IEEE Trans. Sonics Ultrason., 1985, 32(4): 499-513.

[120]R E Newnham, L J Bowen, K A Klicker, et al. Composite piezoelectric transducers[J]. Mater. Design, 1980, 2(2):93-106.

[121]K A Klicker, J V Biggers, R E Newnham. Composites of PZT and epoxy for hydrostatic transducer applications[J]. J. Am. Ceram. Soc., 1981, 64(1):5-9.

[122]K A Klicker, W A Schulze, J V Biggers. Piezoelectric composites with 3-1 connectivity and a foamed polyurethane matrix[J]. J. Am. Ceram. Soc., 1982, 65(12):208-210.

[123]W A Smith, A A Shaulov. Composite piezoelectrics: basic research to a practical device[J]. Ferroelectrics, 1988, 87(1): 309-320.

[124]L Bowen, R Gentilman, D Fiore, et al. Design, fabrication, and properties of sonopanel™ 1-3 piezocomposite transducers[J]. Ferroelectrics, 1996, 187(1) :109-120.

[125]A A Bent, N W Hagood. Piezoelectric fiber composites with interdigitated electrodes[J]. J. Intel. Mat. Syst. Str., 1997, 8(11):903-919.

[126]Q M Zhang, J. Chen, H Wang, et al. A new transverse piezoelectric mode 2-2 piezocomposite for underwater transducer applications[J]. IEEE T. Ultrason. Ferr., 1995, 42(4): 774-781.

[127]K Rittenmyer, T Shrout, W A Schulze, et al. Piezoelectric 3-3 composites[J]. Ferroelectrics, 1982, 41(1):189-195.

[128]D P Skinner, R E Newnham, L E Cross. Flexible composite transducers[J]. Mater. Res. Bull., 1978, 13(6):599-607.

[129]K Hikita, K Yamada, M Nishioka, et al. Piezoelectric properties of the porous PZT and the porous PZT composite with silicone rubber[J]. Ferroelectrics, 1983, 49(1):265-272.

[130]A Safari, R E Newnham, L E Cross, et al. Perforated PZT-polymer composites for piezoelectric transducer applications[J]. Ferroelectrics, 1982, 41(1):197-205.

[131]M J Creedon, W A Schulze. Axially distorted 3-3 piezoelectric composites for hydrophone applications[J]. Ferroelectrics, 1994, 153(1):333-339.

[132]R C Twiney. Novel piezoelectric materials[J]. Adv. Mater., 1992,4(12):819-822.

[133]H L W Chan, M C Cheung, C L Choy. Study on $BaTiO_3$/P(VDF-TrFE) 0-3 composites[J]. Ferroelectrics, 1999, 224(1):113-120.

[134] 胡珊，沈上越，戴雷 . PZT 陶瓷粉体及其 PVDF 压电复合材料的制备与性能 [J]. 材料开发与应用，2007，22(2)：13-15.

[135] 孙洪山，张德庆，王少君，等 . 0-3 型 PZT/PVDF 压电复合材料压电性能研究 [J]. 齐齐哈尔大学学报，2007，19(9)：44-49.

[136] 胡南，刘雪宁，陈飞，等. 0-3 型陶瓷 / 聚合物压电复合材料的压电性能研究 [J]. 复合材料学报，2005，22(5):78-82.

[137]W Nhuapeng, T Tunkasiri. Properties of 0-3 lead zirconate titanate-polymer composites prepared in a centrifuge[J]. J. Am. Ceram. Soc., 2002, 85(3):700-702.

[138]S. Egusa, N. Iwasawa. Poling characteristics of PZT/epoxy piezoelectric paints[J]. Ferroelectrics, 1993, 145(1):45-60.

[139] 张洪涛，李波，姚宝殿 .PZT/ 环氧树脂 0-3 型压电复合材料性能的研究 [J]. 兰州大学学报，1998，34(3)：48-51.

[140]M H Lee, A Halliyal, R E Newnham. Poling studies of piezoelectric composites prepared by coprecipitated $PbTiO_3$ powder[J]. Ferroelectrics, 1988, 87(1):71-80.

[141]K Han, A Safari, R E Riman. Colloidal processing for improved piezoelectric properties of flexible 0-3 ceramic-polymer composites[J]. J. Am. Ceram. Soc., 1991, 74(7):1699-1702.

[142] 刘颖，张洪涛，涂铭旌 . 不同类型的基体对 0-3 型压电复合材料性能的影响 [J]. 复合材料学报，1997，14(1)：12-14.

[143] 徐任信，陈文，王钧，等 . 聚苯胺改性 0-3 型 PZT/ 聚氨酯复合材料的极化与电性能 [J]. 复合材料学报，2006，23(4)：15-18.

[144]H Banno. Recent developments of piezoelectric ceramic products and composites of synthetic rubber and piezoelectric ceramic particles[J]. Ferroelectrics,1983, 50(1):3-12.

[145]H Banno, S Saito. Piezoelectric and dielectric properties of composites of synthetic rubber and $PbTiO_3$ or PZT[J]. Jpn. J. Appl. Phys., 1983, 22(6):7-9.

[146]Y. Qi, N T Jafferis, K L Jr, et al. Piezoelectric ribbons printed onto rubber for flexible energy conversion[J]. Nano Lett., 2010, 10(2):524-528.

[147]Z Li, D Zhang, K Wu. Cement-based 0-3 piezoelectric composites[J]. J. Am. Ceram. Soc., 2002, 85(2):305-313.

[148]S Huang, J Chang, R Xu, et al. Piezoelectric properties of 0-3 PZT/sulfoaluminate cement composites[J]. Smart Mater. Struct., 2004, 13(2):270-277.

[149]X Cheng, S Huang, J Chang. Piezoelectric, dielectric, and ferroelectric properties of 0-3 ceramic/cement composites[J]. J. Appl. Phys., 2007, 101:094110.

[150]Z Ounaies, C Park, J Harrison, et al. Evidence of piezoelectricity in SWNT-

polyimide and SWNT-PZT-polyimide composites[J]. J. Thermoplast. Compos., 2008, 21(5):393-409.

[151]Z Ounaies, C Park, K E Wise, et al. Electrical properties of single wall carbon nanotube reinforced polyimide composites[J]. Compos. Sci. Technol., 2003, 63(11):1637-1646.

[152] 胡珊，沈上越，戴雷，等 . 炭黑改性 PZN-PZT/PVDF 压电复合材料的制备与性能 [J]. 化工新型材料，2007，35(12)：14-15.

[153] 徐任信，陈文，周静 . 聚合物电导率对 0-3 型压电复合材料极化性能的影响 [J]. 物理学报，2006，55(8)：92-97.

[154]W Huang, M Shi. Effects of carbon nanofiber on dielectric properties of PMN/CNFs/EP composites[J]. Polym.-Plast. Technol., 2011, 50(15) :1590-1593.

[155] 闻荻江，王红卫，项瑞阳 . 界面改性对钛酸铅 / 环氧树脂压电复合材料性能的影响 [J]. 材料研究学报，1999，13(6)：663-666.

[156]C K Wong, F G Shin. Electrical conductivity enhanced dielectric and piezoelectric properties of ferroelectric 0-3 composites[J]. J. Appl. Phys., 2005, 97(6):569-572.

[157]S A Wilson, G M Maistros, R W Whatmore. Structure modification of 0-3 piezoelectric ceramic/polymer composites through dielectrophoresis[J]. J. Phys. D: Appl. Phys., 2005, 38(2):175-179.

[158]X Cai, C Zhong, S Zhang, et al. A surface treating method for ceramic particles to improve the compatibility with PVDF polymer in 0-3 piezoelectric composites[J]. J. Mater. Sci., 1997, 16(4):253-254.

[159]A Pelaiz-Barranco, P Marin-Franch. Piezo-, pyro-, ferro-, and dielectric properties of ceramic/polymer composites obtained from two modifications of lead titanate[J]. J. Appl. Phys., 2005, 97(3):253-254.

[160]X Zhou, E Shin, K W Wang,et al. Interfacial damping characteristics of carbon nanotube-based composites[J]. Compos. Sci. Technol., 2004, 64:2425-2437.

[161]H Rajoria, N Jalili. Passive vibration damping enhancement using carbon nanotube-epoxy reinforced composites[J]. Compos. Sci. Technol., 2005, 65:2079-2093.

[162]S U Khan, C Y Li, N A Siddiqui, et al. Vibration damping characteristics of carbon fiber-reinforced composites containing multi-walled carbon nanotubes[J].

Compos. Sci. Technol., 2011, 71:1486-1494.

[163]X Wang, F You, F S Zhang, et al. Experimental and theoretic studies on sound transmission loss of laminated mica-filled poly(vinyl chloride) composites[J]. J. Appl. Polym. Sci., 2011, 122(2):1427-1433.

[164]J Zhao, X M Wang, J M Chang, et al. Sound insulation property of wood-waste tire rubber composite[J]. Compos. Sci. Technol., 2010, 70:2033-2038.

[165]J Z Liang, X H Jiang. Soundproofing effect of polypropylene/inorganic particle composites[J]. Compos. Part B-Eng.,2012, 43(4):1995-1998.

[166]K Zhang, A Xie, F Wu, et al. Carboxyl multiwalled carbon nanotubes modified polypyrrole (PPy) aerogel for enhanced electromagnetic absorption[J]. Mater. Res. Express, 2016, 3:055008.

[167]Y Lin, Y Liu, H A Sodano. Hydrothermal synthesis of vertically aligned lead zirconate titanate nanowire arrays[J]. Appl. Phys. Lett., 2009, 95:122901.

[168]K I Park, J H Son, G T Hwang,et al. Highly-efficient, flexible piezoelectric PZT thin film nanogenerator on plastic substrates[J]. Adv. Mater., 2014, 26:2514-2520.

[169]G Xu, W Jiang, M Qian, et al. Hydrothermal synthesis of lead zirconate titanate nearly free-standing nanoparticles in the size regime of about 4 nm[J]. Cryst. Growth. Des., 2009, 9(1):13-16.

[170]Z S Wu, S Yang, Y Sun, et al. 3D nitrogen-doped graphene aerogel-supported Fe_3O_4 nanoparticles as efficient electrocatalysts for the oxygen reduction reaction[J]. J. Am. Chem. Soc., 2012, 134:9082-9085.

[171]Z Shi, H Gao, J Feng, et al. In situ synthesis of robust conductive cellulose/polypyrrole composite aerogels and their potential application in nerve regeneration[J]. Angew. Chem., 2014, 126:5484-5488.

[172]R Tian, Y Zhang, Z Chen, et al. The effect of annealing on a 3D SnO_2/graphene foam as an advanced lithium-ion battery anode[J]. Sci. Rep.-UK, 2016, 6:19195.

[173]M R Karim, C J Lee, A M S Chowdhury, et al. Radiolytic synthesis of conducting polypyrrole/carbon nanotube composites[J]. Mater. Lett., 2007, 61:1688-1692.

[174]J Zhong, S Gao, G Xue, et al. Study on enhancement mechanism of conductivity induced by graphene oxide for polypyrrole nanocomposites[J]. Macromolecules, 2015, 48:1592-1597.

[175]Y Wang, X Dai, W Jiang, et al. The hybrid of SnO_2 nanoparticle and polypyrrole aerogel: an excellent electromagnetic wave absorbing materials[J]. Mater. Res. Express, 2016, 3:075023.

[176]M V Murugendrappa, A Parveen, M V N Ambika. Prasad, Synthesis, characterization and ac conductivity studies of polypyrrole–vanadium pentaoxide composites[J]. Mat. Sci. Eng. A-Struct., 2007, 459:371-374.

[177]H Yuvaraj, E J Park, Y S Gal, et al. Synthesis and characterization of polypyrrole-TiO_2 nanocomposites in supercritical CO_2[J]. Colloids and Surfaces A: Physicochem. Eng. Aspects, 2008, 314: 300-303.

[178]T Tanimoto. A new vibration damping CFRP material with interlayers of dispersed piezoelectric ceramic particles[J]. Compos. Sci. Technol., 2007, 67:213-221.

[179]Q Cheng, J Bao, J G Park,et al. High mechanical performance composite conductor: multi - walled carbon nanotube sheet/bismaleimide nanocomposites[J]. Adv. Funct. Mater., 2009, 19:3219-3225.

[180]S Wang, M Tambraparni, J Qiu, et al. Thermal expansion of graphene composites[J]. Macromolecules, 2009, 42:5251-5255.

[181]D Carponcin, E Dantras, G Michon,et al. New hybrid polymer nanocomposites for passive vibration damping by incorporation of carbon nanotubes and lead zirconate titanate particles[J]. J. Non-Cryst. Solids, 2015, 409: 20-26.

[182]L C Tang, Y J Wan, D Yan, et al. The effect of graphene dispersion on the mechanical properties of graphene/epoxy composites[J]. Carbon, 2013, 60:16-27.

[183]X J Shen, X Q Pei, S Y Fu, et al. Significantly modified tribological performance of epoxy nanocomposites at very low graphene oxide content[J]. Polymer, 2013, 54:1234-1242.

[184]T Ramanathan, A A Abdala, S Stankovich, et al. Functionalized graphene sheets for polymer nanocomposites[J]. Nat. Nanotechnol., 2008, 3:327-331.

[185]L Xia, H Wu, S Guo, et al. Enhanced sound insulation and mechanical properties of LDPE/mica composites through multilayered distribution and orientation of the mica[J]. Compos. Part A-Appl. S., 2016. 81:225-233.

[186]C F Ng, C K Hui. Low frequency sound insulation using stiffness control with honeycomb panels[J]. Appl. Acoust., 2008, 69(4):293-301.

[187]Z Y Liu, S J Chen, J Zhang. Preparation and characterization of ethylene-butene copolymer (EBC)/mica composites[J]. J. Polym. Res., 2011, 18(6):2403-2413.

[188]X X Zhang, Z X Lu, D Tian, et al. Mechanochemical devulcanization of ground tire rubber and its application in acoustic absorbent polyurethane foamed composites[J]. J. Appl. Polym. Sci., 2013, 127:4006-4014.

[189]C H Zhang, Z Hu, G Gao, et al. Damping behavior and acoustic performance of polyurethane/lead zirconate titanate ceramic composites[J]. Mater. Design, 2013, 46:503-510.

[190]G Wang, Y Xi, H Xuan, et al. Hybrid nanogenerators based on triboelectrification of a dielectric composite made of lead-free $ZnSnO_3$ nanocubes[J]. Nano Energy, 2015, 18:28-36.

[191]K Y Lee, D Kim, J H Lee, et al. Unidirectional high - power generation via stress - induced dipole alignment from $ZnSnO_3$ nanocubes/polymer hybrid piezoelectric nanogenerator[J]. Adv. Funct. Mater., 2014, 24: 37-43.

[192]D R Dillon, K K Tenneti, C Y Li, et al. On the structure and morphology of polyvinylidene fluoride–nanoclay nanocomposites[J]. Polymer, 2006, 47:1678-1688.

[193]Y Xin, X Qi, H Tian, et al. Full-fiber piezoelectric sensor by straight PVDF/nanoclay nanofibers[J]. Mater. Lett., 2016, 164:136-139.

[194]H Yu, T Huang, M Lu, et al. Enhanced power output of an electrospun PVDF/MWCNTs-based nanogenerator by tuning its conductivity[J]. Nanotechnology, 2013, 24:405401.

[195]S H Ji, J H Cho, Y H Jeong, et al. Flexible lead-free piezoelectric nanofiber composites based on BNT-ST and PVDF for frequency sensor applications, Sensor. Actuat. A-Phys., 2016, 247:316-322.

[196]J S Yun, C K Park, Y H Jeong, et al. The fabrication and characterization of piezoelectric PZT/PVDF electrospun nanofiber composites[J]. Nanomater. Nanotechno.,2016, 6: 20.

[197]W Brostow, W Chonkaew. Grooves in scratch testing[J]. J. Mater. Res., 2007, 22: 2483-2487.

[198]J Sanes, F J Carrión, M D Bermúdez. Effect of the addition of room temperature

ionic liquid and ZnO nanoparticles on the wear and scratch resistance of epoxy resin[J]. Wear, 2010, 268:1295-1302.

[199]Y Wang, H Yan, Z Huang, et al. Mechanical, dynamic mechanical and electrical properties of conductive carbon black/piezoelectric ceramic/chlorobutyl rubber composites[J]. Polym.-Plast. Technol., 2012, 51:105-110.

[200]Z Liu, Y Wang, G Huang, et al. Damping characteristics of chlorobutyl rubber/ poly (ethyl acrylate)/piezoelectric ceramic/carbon black composites[J]. J. Appl. Polym. Sci., 2008, 108:3670-3676.

[201]S Gilje, S Han, M Wang, et al. A chemical route to graphene for device applications[J]. Nano Lett., 2007, 7(11):3394-3398.

[202]I K Moon, J Lee, R S Ruoff, et al. Reduced graphene oxide by chemical graphitization[J]. Nat. Commun., 2010, 1:73-78.

[203]O C Compton, D A. Dikin, K W Putz, et al. Electrically conductive "alkylated" graphene paper via chemical reduction of amine - functionalized graphene oxide paper[J]. Adv. Mater., 2010, 22:892-896.

[204]X Zhang, Z Sui, B Xu, et al. Mechanically strong and highly conductive graphene aerogel and its use as electrodes for electrochemical power sources[J]. J. Mater. Chem., 2011, 21:6494-6497.

[205]A Gupta, G Chen, P Joshi, et al. Raman scattering from high-frequency phonons in supported n-graphene layer films[J]. Nano Lett., 2006, 6:2667-2673.

[206]X J Zhang, G S Wang, W Q Cao, et al. Fabrication of multi-functional PVDF/ RGO composites via a simple thermal reduction process and their enhanced electromagnetic wave absorption and dielectric properties[J]. RSC Adv., 2014, 4:19594-19601.

[207]X Lv, Z Huang, M Shi, et al. Self-gradient mechanism, morphology and damping analysis of a thickness continuous gradient epoxy-polyurethane interpenetrating polymer network[J]. RSC Adv., 2016, 6:111688-111701.

[208]M A Rafiee, J Rafiee, Z Wang, et al. Enhanced mechanical properties of nanocomposites at low graphene content[J]. ACS Nano, 2009, 3(12):3884-3890.

[209]M Fang, K Wang, H Lu, et al. Covalent polymer functionalization of graphene nanosheets and mechanical properties of composites[J]. J. Mater. Chem., 2009,

19:7098-7105.

[210]P Steurer, R Wissert, R Thomann, et al. Functionalized graphenes and thermoplastic nanocomposites based upon expanded graphite oxide[J]. Macromol. Rapid Commun., 2009, 30:316-327.

[211]C Wu, X Huang, G Wang, et al. Hyperbranched-polymer functionalization of graphene sheets for enhanced mechanical and dielectric properties of polyurethane composites[J]. J. Mater. Chem., 2012, 22:7010-7019.

[212]N D Luong, U Hippi, J T Korhonen, et al. Enhanced mechanical and electrical properties of polyimide film by graphene sheets via in situ polymerization[J]. Polymer, 2011, 52:5237-5242.

[213]P Song, Z Cao, Y Cai, et al. Fabrication of exfoliated graphene-based polypropylene nanocomposites with enhanced mechanical and thermal properties[J]. Polymer, 2011, 52:4001-4010.

[214]X Zhao, Q Zhang, D Chen. Enhanced mechanical properties of graphene-based poly(vinyl alcohol) composites[J]. Macromolecules, 2010, 43:2357-2363.

[215]X Wang, Y Hu, L Song, et al. In situ polymerization of graphene nanosheets and polyurethane with enhanced mechanical and thermal properties[J]. J. Mater. Chem., 2011, 21:4222-4227.

[216]S Vadukumpully, J Paul, N Mahanta, et al. Flexible conductive graphene/poly(vinyl chloride) composite thin films with high mechanical strength and thermal stability[J]. Carbon, 2011, 49:198-205.

[217]L Xiao, D Wu, S Han, et al. Self-assembled Fe_2O_3/graphene aerogel with high lithium storage performance[J]. ACS Appl. Mater. Interfaces, 2013, 5(9):3764-3769.

[218]R Liu, L Wan, S Liu, et al. An interface-induced co-assembly approach towards ordered mesoporous carbon/graphene aerogel for high-performance supercapacitors[J]. Adv. Funct. Mater., 2015, 25(4):526-533.

[219]C Hu, Z Mou, G Lu,et al. 3D graphene-Fe_3O_4 nanocomposites with high-performance microwave absorption[J]. Phys. Chem., 2013, 15:13038-13043.

[220]Y J Wan, L C Tang, L X Gong, et al. Grafting of epoxy chains onto graphene oxide for epoxy composites with improved mechanical and thermal properties[J].

Carbon, 2014, 69:467-480.

[221]C Bao, Y Guo, L Song, et al. In situ preparation of functionalized graphene oxide/ epoxy nanocomposites with effective reinforcements[J]. J. Mater. Chem.,2011, 21:13290-13298.

[222]D Karanth, H Fu. Large electromechanical response in ZnO and its microscopic origin[J]. Phys. Rev. B, 2005, 72:064116.

[223]J Shi, I Grinberg, X Wang, et al. Atomic sublattice decomposition of piezoelectric response in tetragonal $PbTiO_3$, $BaTiO_3$, and $KNbO_3$[J]. Phys. Rev. B, 2014, 89:094105.

[224]H H Law, P L Rossiter, G P Simon, et al. Characterization of mechanical vibration damping by piezoelectric materials[J]. J. Sound Vib., 1996, 197(4):489-513.